Verfahrenstechnik in Einzeldarstellungen

Herausgegeben von Dr.-Ing. J. Spangler und Dr.-Ing. W. Matz

1

Berechnung der Ausmauerung stählerner Gefäße

Von

Dr.-Ing. W. Matz

Farbwerke Hoechst

Mit 15 Abbildungen

Springer-Verlag

Berlin/Göttingen/Heidelberg

1953

ISBN 978-3-642-53247-4   ISBN 978-3-642-53246-7 (eBook)
DOI 10.1007/978-3-642-53246-7

Dr.-Ing. K. Dietz

dem Erfinder der Säurekitte „Hoechst“ und der Asplitkitte

in Verehrung gewidmet

Vorwort.

Obwohl schon seit vielen Jahren stählerne Behälter mit keramischen Steinen und Kitt ausgemauert werden, gibt es trotz des in der Industrie bestehenden, dringenden Wunsches nach Berechnungsvorschriften für Ausmauerungen bis jetzt kein Hand- oder Lehrbuch zur Berechnung solcher Gefäßauskleidungen. Das vorzügliche Buch von G. THIEL: Der Säurebau, Carl Marhold, Halle 1951, hat sicher schon sehr viel dazu beigetragen, das Verständnis für die Sonderstellung des Ausmauerungsproblemes zu fördern. Aber wie der Verfasser selbst sagt, hat er bewußt auf tiefgründige wissenschaftliche Untersuchungen verzichtet, weil die Entwicklung des Säurebaues noch ständig im Fluß war. Heute jedoch, nachdem sorgfältige Messungen an Kochern von Seiten der Zellstoffindustrie, insbesondere durch Herrn Direktor Dr.-Ing. R. HAAS das Vorhandensein von Vorspannungen im Eisenmantel nachgewiesen haben und durch die Hoechster Farbwerke die Quellfähigkeit des Mauerwerkes infolge besonders präparierter Kitte zahlenmäßig festgelegt und abgestimmt werden kann, darf wohl bei dem Ausmauerungsproblem von einigermaßen gesicherten Erfahrungsgrundlagen gesprochen werden. Ich habe es deshalb versucht, fußend auf diesen vorhandenen Erkenntnissen, eine mathematische, physikalisch wohl begründete Theorie zur Berechnung ausgemauerter Gefäße zu entwickeln. Herr Dr.-Ing. K. DIETZ von den Farbwerken Hoechst hat die vorliegende Arbeit durch seine hervorragenden praktischen und theoretischen Kenntnisse auf dem Ausmauerungsgebiet wesentlich gefördert und durch viele neue Anregungen die Berechnungsmethode in praktisch ausführbare Bahnen gelenkt. Vielleicht darf hierzu bemerkt werden, daß sich die hier abgeleiteten Gesetze und Formeln seit mehreren Jahren bewährt haben und durch praktische Ausführungen recht gut bestätigt wurden. Das vorliegende Buch, dessen Theorie auf den beiden Problemen des Wärmedurchganges und der Wärmedehnung aufgebaut ist, behandelt den stationären Wärmefluß durch die Wandungen und läßt vorerst das an sich ebenso wichtige Problem der nicht stationären Strömung bei den Anheiz- und Abkühlvorgängen unberührt. Auf seine Behandlung mußte zunächst verzichtet werden, weil die Lösung dieser Aufgabe mathematisch nicht mehr so einfach durchgeführt werden kann wie die der stationären Aufgabe. In einem späteren Buche soll jedoch auch dieses Anheiz- und Abkühlproblem gründlich untersucht und durchgerechnet werden.

Das vorliegende Buch wendet sich sowohl an den studierenden und forschenden Ingenieur als auch an den in der Praxis stehenden Verfahrensingenieur, dem es eine Hilfe bei seinen Planungen und Betriebsarbeiten sein möchte. Um dem vorgetragenen Wissensstoff eine für die praktische Anwendung geeignete Form zu geben, habe ich nach jedem Abschnitt zur Einübung mehrere Aufgaben aus der Praxis gestellt und die Lösung ausführlich abgeleitet. Ich hoffe, hierdurch das Verständnis und die Anschaulichkeit der Darstellung gefördert zu haben.

Wenn ich mir auch bewußt bin, daß meine Ausführungen in diesem Buche nicht vollständig sein können und manche Lücke auf diesem Gebiete offen lassen müssen, so würde es mich doch freuen, wenn das Buch trotz meines Wagnisses unter den Hochschullehrern, praktischen Verfahrensingenieuren und unter der studierenden Jugend in der Technik Freunde finden und Anregungen zu weiterer Forschung auf dem Gebiete der Ausmauerung geben würde.

Zum Schluß möchte ich meinen herzlichsten Dank all denen sagen, die mir bei der Abfassung des Buches und bei den Vorarbeiten zur Entwicklung der Theorie geholfen haben. Vor allem schulde ich Herrn Dr.-Ing. K. DIETZ, Höchst, für seine vielen praktischen Ratschläge Dank und für sein Interesse, das er auch den zuweilen recht schwierigen mathematischen Ableitungen entgegengebracht hat. Ferner schulde ich herzlichen Dank Herrn Dipl.-Ing. FÜLLER, Höchst, für seine rege Mitarbeit und den Herren Ing. HAMMER, Höchst, und H. SCHILLER, Höchst, für die Bildgestaltung und Niederschrift des Buches. Dem Verlag möchte ich meinen herzlichsten Dank sagen für das Eingehen auf Sonderwünsche und für die vorzügliche Ausgestaltung des Buches.

Frankfurt a. M.-Höchst, Dezember 1952.

Werner Matz.

Inhaltsverzeichnis.

Bezeichnungen.

E_e = Elastizitätsmodul des Behälter-Werkstoffs in kg/cm²

E_m = Elastizitätsmodul des Mauerwerkes in kg/cm².

α_e = lineare Wärmedehnzahl des Stahlmantels in grad⁻¹.

α_m = lineare Wärmedehnzahl des Mauerwerkes in grad⁻¹.

m = Längsdehnung zu Querdehnung im Mauerwerk.

α_l = Wärmeübergangszahl der Luft an Eisenmantel in kcal/m² h °C.

α = Wärmeübergangszahl von Luft und Wasser an Eisenmantel in kcal/m² h °C.

λ_m = Wärmeleitzahl des Mauerwerkes in kcal/m h °C.

λ_i = Wärmeleitzahl der Isolierung (innen oder außen) in kcal/m h °C.

λ_e = Wärmeleitzahl des Stahlmantels in kcal/m h °C.

d_e = Eisenwandstärke in m oder cm.

d_m = Mauerwandstärke in m oder cm.

δ_i = Dicke der Schutzschicht innen in m.

d_i = Dicke der Isolierung außen in m.

$\varphi_0 = \dfrac{2\,(m-1)\,(\alpha_e - \alpha_m)}{(2\,m-1)\,\alpha_m}$ = Kenngröße für Gleichgewichtsgerade.

φ = Nusseltsche Summengröße $(Nu_1 + Nu_2 + Nu_3)$.

q = Quellfähigkeit des Mauerwerkes durch Kitt.

t_i = Temperatur im Gefäßinneren in °C.

t_a = Ausmauerungstemperatur in °C.

t_0 = Temperatur der umgebenden Luft in °C.

$t_l;\ t_l'$ = Temperatur der umgebenden Luft in °C.

t_w = Wintertemperatur in °C.

t_e = Eisenwandtemperaturen in °C.

t_1, t_2, t_3, t_4 = Zwischentemperaturen in °C.

$t_{eg} = t_{emax}$ = Gleichgewichtstemperatur des Eisens in °C.

t_{emin} = Minimumtemperatur der Grenzgeraden in °C.

p = innerer Überdruck in kg/cm².

σ_{ev} = Vorspannung im Eisen in kg/cm².

σ_{ep} = Spannung im Eisen durch p allein in kg/cm².

$(\sigma_{ez})_t$ = Zusatzspannung im Eisen durch Temperatureinfluß in kg/cm².

$(\sigma_{ez})_\varphi$ = Zusatzspannung im Eisen durch Vergrößerung von φ.

$\sigma_{eg} = \sigma_{ev} + \sigma_{ep} + (\sigma_{ez})_t + (\sigma_{ez})_\varphi$ = Gesamtspannung in kg/cm².

σ_{emax} = maximal zulässige Spannung im Eisen in kg/cm².

σ_{mv} = Vorspannung im Mauerwerk in kg/cm².

$(\sigma_{mz})_t$ = Zusatzspannung im Mauerwerk durch Temperatureinwirkung in kg/cm².

$(\sigma_{mz})_\varphi$ = Zusatzspannung im Mauerwerk durch Vergrößerung von φ in kg/cm².

Berichtigung.

Seite 6: Abb. 2 muß mit Abb. 15 (auf Seite 62) vertauscht werden.
Die Abbildungsunterschriften bleiben.

Seite 9, 2. Zeile v. u.: Statt ... $+\dfrac{0{,}86}{1{,}806} \cdot 30$ lies: ... $+\dfrac{0{,}806}{1{,}806} \cdot 30.$

Matz, Ausmauerung Springer-Verlag, Berlin / Göttingen / Heidelberg

Einführung.

Stählerne Gefäße und Apparate, in denen saure und alkalische Flüssigkeiten verarbeitet werden, müssen vor dem korrodierenden Angriff der Säure und der Lauge durch Auskleidung des Mantels mittels geeigneter Schichten geschützt werden. Bei der Wahl eines solchen Schutzmittels spielen naturgemäß die Höhe der Temperatur, die Dauerhaftigkeit, die Beschaffungsmöglichkeit, die werkstattmäßige Anbringung am Stahlmantel sowie der Preis eine bedeutsame Rolle. Während vor dem ersten Weltkrieg der damals noch verhältnismäßig kleinen chemischen Industrie Edelmetalle in genügender Menge zur Verfügung standen, wurde schon durch die Blockade im ersten Weltkrieg die Beschaffung solcher Werkstoffe schwieriger und zu teuer. Nach dem ersten Weltkrieg jedoch mußte die chemische Industrie, durch die Notlage gezwungen, nach billigeren und leicht beschaffbaren Korrosions-Werkstoffen Umschau halten. Auskleidungen mit Blei, V_2A-Stahl, V_4A-Stahl, Remanit, Gummi wurden zwar noch viel benutzt, aber in höherem Maße verwendete man schon Kunststoffe wie Buna, Igelit, Oppanol und Phenytalüberzug. Bei der Benutzung dieser Stoffe allein stellten sich manche Schwierigkeiten ein. Bei den Verbleiungen der Gefäße durch Ausschlagen mit Bleiblech löste sich im Laufe der Zeit, insbesondere bei Vakuum, die Auskleidung. Man verwendete dann die homogenen Verbleiungen, die jedoch in ihrer Herstellung recht teuer sind. Bei der Gummierung der Gefäße durften wiederum keine höheren Temperaturen als ca. 100° C angewendet werden. Der Phenytalanstrich gab eine gewisse Zeit bei niederen Temperaturen einen gewissen Korrosionsschutz, aber haftete zu wenig mechanisch fest auf dem Eisen. Bei den meisten Metallen, die zur Auskleidung benutzt wurden, zeigte sich zwar ein verminderter Angriff durch die Säuren, aber im Laufe der Zeit wurde die Auskleidung doch unwirksam. Die Industrie verlangte immer dringender nach einem absolut sicheren Korrosionsschutz und glaubte diesen in der Benutzung von keramischen Steinen gefunden zu haben. Die sogenannte Ausmauerung von stählernen Gefäßen kann wohl bis in das Jahr 1890 verfolgt werden. Wenn trotzdem zu Anfang des 20. Jahrhunderts die Methode der Ausmauerung verhältnismäßig selten benutzt wurde, so lag dies vor allem daran, daß die Verbindung der Steine mit dem Eisen noch rechte Schwierigkeiten bereitete. Es fehlte noch an dem geeigneten Bindemittel zwischen Stein und Eisen. Beton als Bindemittel im Apparatebau zu benutzen, wie dies vorbildlich im Eisenbetonbau schon geschah, war nicht möglich, da Beton durch Säuren angegriffen wird. Als in den zwanziger Jahren die I. G. Farbenindustrie „selbsterhärtende" Wasserglaskitte, die *Säurekitte Hoechst,* auf den Markt brachte, wurde endlich ein vortreffliches Bindemittel für die Ausmauerung geliefert. Da jedoch auch die Wasserglaskitte nicht absolut flüssigkeitsdicht sind, wurden Kitte aus synthetischem Kunstharz, sogenannte Kondensationsprodukte, hergestellt, die absolut flüssigkeitsdicht sind und in gewisser Beziehung den Wasserglaskitten überlegen sind. Wegen seiner besonderen Vorzüge wird der von den Farbwerken Hoechst herausgebrachte „Asplit"-Kitt[1] weitgehend in der chemischen Industrie verwendet. Heute werden beide Kittarten, die Wasserglaskitte und die Kunstharzkitte, mit Erfolg bei den Ausmauerungen stählerner Behälter benutzt. Obwohl nun auch für den Behälterbau ein geeignetes Bindemittel zwischen Stein und Eisen gefunden war, zeigten sich doch immer wieder im Apparatebau, besonders bei den großen Zellstoffkochern Ablösungen des Mauerwerks einerseits und Explosionen des Eisenmantels andrerseits infolge unfachmännischer Ausmauerung [1][2]. Eingehende Untersuchungen und Messungen ergaben schließlich, daß die Ursache dieser Erscheinungen in der verschiedenen Wärmedehnung von Eisen und Mauerwerk (Stein + Kitt) liegt. Der Eisenbetonbau mit Eisen, Stein und Beton als Bindemittel kennt diese Schwierigkeiten nicht, weil die Wärmedehnzahlen von Eisen und Beton praktisch gleich sind, nämlich $\alpha_e = 1{,}2 \cdot 10^{-5}$ und $\alpha_b = 1{,}3 \cdot 10^{-5}$. Im Apparatebau ist die Wärmedehnzahl des Mauerwerks $\alpha_m = 0{,}6 \cdot 10^{-5}$ nur die Hälfte von der des Eisens. Während die Eisenwandstärken nicht ausgemauerter Gefäße vor allem durch den Innendruck bestimmt werden, ist beim ausgemauerten Behälter schon allein wegen der Ausmauerung und der dadurch bedingten Vorspannung im Eisen eine größere Eisenwandstärke erforderlich, selbst dann, wenn kein Druck im Innern herrscht. Ist die dem Mauerwerk erteilte Vorspannung zu hoch, so wird der Eisenmantel zu stark beansprucht, ist sie zu niedrig, so kann leicht eine Ablösung des Mauerwerks vom Eisenmantel erfolgen. Zwischen diesen beiden Grenzen, dem limes superior und dem limes inferior der Ausmauerung, muß die Vorspannung gewählt werden. Wie eine zu große Mauerwandstärke gemeinsam mit einer falschen Betriebsweise der Apparatur zu einer gefährlichen Explosion führen konnte, zeigte sich an einem Kocher der Zellstoffindustrie. Hier wurde durch Einleiten von Dampf in einen *leeren und kalten* ausgemauerten Kocher ein Zerknall verursacht [1]. Die Mauerwandstärke war 8,5mal so dick wie die Blechwandstärke, so daß schon hierdurch sehr

---

[1] „Asplit" ist eingetragenes Warenzeichen der Farbwerke Hoechst, vorm. Meister, Lucius und Brüning, Frankfurt a. M.-Höchst.

[2] Kursive Zahlen in eckigen Klammern verweisen auf das am Schluß des Buches befindliche Literaturverzeichnis.

große Zusatzspannungen im Eisen vorhanden waren. Durch den heißen Dampf nahm das Mauerwerk innen sofort die hohe Temperatur des Dampfes an und dehnte sich aus, während das Eisen wegen der schlechten Wärmeleitung des Mauerwerkes sich noch wenig erwärmt hatte, sich deshalb noch wenig dehnen und dem Mauerwerk nicht nachgeben konnte. Es kann nur davor gewarnt werden, in leere und kalte ausgemauerte Gefäße Dampf einzuleiten. Soll nach einem längeren Stillstand ein kalter Kocher angewärmt werden, so ist er mit Flüssigkeit zu füllen und muß langsam angeheizt werden, um die unmittelbare Berührung des heißen Dampfes mit dem Mauerwerk zu verhindern. Ein weiteres Beispiel stellt ein Kontaktturm einer norddeutschen Raffinerie mit 3,5 m Durchmesser und 20 m Höhe dar. Das Wandstärkenverhältnis von Eisen zu Mauerwerk war hier 1 : 10. Dieser Turm riß im Winter beim Innendruck Null in seiner ganzen Höhe auf. Hier traten wegen zu dicker Ausmauerung und wegen der niederen Wintertemperatur große Zusatzspannungen auf, die zur Zersprengung des auch noch durch die kalte Temperatur in seiner Kerbschlagzähigkeit herabgesetzten Eisenmaterials genügten [1].

Man ersieht aus den obigen einleitenden Ausführungen, daß nicht allein die besten Eigenschaften eines Kittes als korrosionsfestes Bindemittel für eine fachgemäße Ausmauerung hinreichend sind, sondern daß auch noch die Wärmedurchgangs- und Wärmedehnungseigenschaften von Mauerwerk und Eisen die Haltbarkeit der Ausmauerung maßgebend beeinflussen und daß außerdem die Quellfähigkeit des Kittes zur Erzeugung der Vorspannung von ausschlaggebender Bedeutung ist.

In den folgenden Abschnitten sollen nun Formeln abgeleitet werden, die den Zusammenhang des Wärmedurchgangproblemes mit dem Wärmedehnungsproblem unter Berücksichtigung der Quellung des Mauerwerks analytisch darstellen. Diese Formeln sollen dem praktischen Ausmauerungsingenieur Richtlinien für die Berechnung der Ausmauerung sein und dem forschenden Ingenieur einen tieferen Einblick in die theoretischen Vorgänge gewähren.

I. Die beiden Grundprobleme der Ausmauerung.

1. Allgemeine Betrachtungen.

Bei den Ausmauerungen von stählernen Apparaten werden als Grundelemente Eisen und Mauerwerk verwendet und ein Verbundkörper von Eisen und Mauerwerk geschaffen. In ganz ähnlicher Weise benutzt bekanntlich der Hochbau einen Verbundkörper aus Eisen und Zementbeton, den Eisenbeton, um die hohe Zugfestigkeit des Eisens mit der geringen Zugfestigkeit, aber guten Formbarkeit des Betons zu vereinigen. Auch hier wird dem Eisen bei der Herstellung des Tragelementes aus Eisenbeton eine gewisse Vorspannung erteilt, wie dem Eisenmantel des ausgemauerten Gefäßes. Allerdings ist der Eisenbetonbau in einer etwas glücklicheren Lage als der Apparatebau, weil die Wärmedehnzahlen des Eisens mit $\alpha_e = 1,2 \cdot 10^{-5}$ und des Betons mit $\alpha_b = 1,3 \cdot 10^{-5}$ nahezu gleich sind, während im Apparatebau die Wärmedehnzahl für Mauerwerk nur $\alpha_m = 0,6 \cdot 10^{-5}$ beträgt, die Hälfte der Wärmedehnzahl für Eisen. Diese Verschiedenheit der Wärmedehnzahlen von Zementbeton einerseits und Mauerwerk andrerseits ist der Grund dafür, daß im Apparatebau ein Problem der *relativen* Wärmedehnung auftritt, das der Eisenbetonbau nicht kennt. Auf Abb.1 sind die Verhältnisse für Beton und Mauerwerk in Verbindung mit Eisen dargestellt. Beim Mauerwerk tritt,

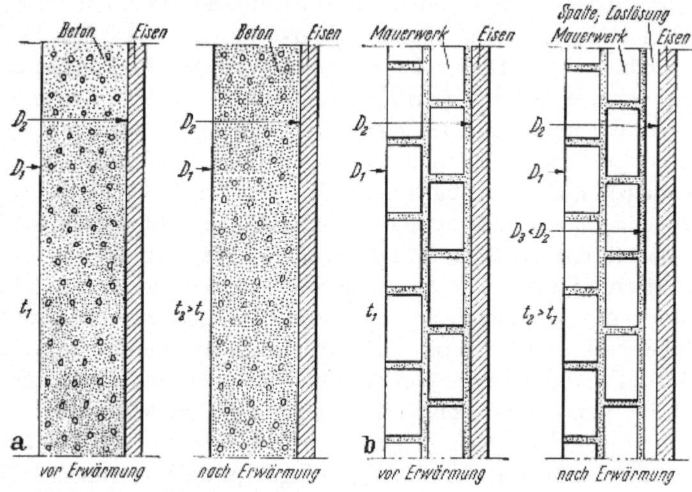

Abb. 1a und b. Wärmedehnungsverhältnisse bei dem Beton- und Mauerwerksverband.
a Beton und Eisen; — b Mauerwerk und Eisen.

wenn keine Verhütungsmaßregeln getroffen werden, nach der Erwärmung eine Loslösung vom Eisenkörper ein, beim Eisenbeton jedoch nicht. Da also für die vorliegende Aufgabe der Ausmauerung die verschiedenen Wärmedehnungen von Eisen und Mauerwerk entscheidend sind, müssen auch die die Dehnungen veranlassenden Temperaturunterschiede maßgebend sein und müssen insbesondere die infolge der schlechten Wärmeleitung des Mauerwerkes hervorgerufenen großen Temperaturunterschiede zwischen dem Gefäßinnern und dem Außenraum eine bedeutsame Rolle spielen. Außerdem tritt aus letzterem Grunde eine Zugspannung im äußeren Mauerwerksmantel und eine Druckspannung im inneren Mauerwerkszylinder auf. Es ist deshalb einleuchtend, daß die beiden Grundprobleme des Wärmedurchgangs und der Wärmedehnung die Berechnungsmethode der ausgemauerten Apparate beherrschen müssen. Es ist auch leicht verständlich, daß eine zeichnerische Darstellung dieser beiden miteinander verknüpften Probleme in einem Diagramm mit der

Eisenwandtemperatur t_e als Ordinate und mit der Behälter-Innentemperatur t_i als Abszisse wegen ihrer linearen Temperaturabhängigkeit durch gerade Linien die an sich verwickelten Vorgänge einfach und anschaulich vor Augen führen wird. Nach Behandlung des Wärmedurchgangs- und des Wärmedehnungsproblemes soll deshalb das aus diesen hervorgehende Temperaturdiagramm mit seinen wichtigen Folgerungen besprochen werden.

2. Das Wärmedurchgangsproblem.

Beim Durchgang der Wärme durch Mauerwerk und Stahlmantel können zwei Arten von Wärmeströmungen unterschieden werden, die *stationäre* und die *nicht stationäre*. Bei der stationären Betriebsweise, die nach Erreichung des Beharrungszustandes der kontinuierlichen Arbeitsweise im Fabrikationsverfahren entspricht, ändert sich die Innentemperatur und ändern sich somit die Temperaturen im Mauerwerk und Eisen nicht mehr. Bei der nicht stationären Betriebsweise jedoch verändern sich die Temperaturen im Innern des Gefäßes und in den Gefäßwänden im Laufe der Zeit. Diese Art der Wärmeströmung entspricht den Anheiz- und Abkühlvorgängen der Gefäße. Betrachtet man den Wärmestrom nur in der radialen Richtung r senkrecht zur Wand, so werden die stationäre und die nicht stationäre Strömung durch die Fouriersche Gleichung dargestellt:

$$\frac{\partial \vartheta}{\partial t} = a \, \frac{\partial^2 \vartheta}{\partial r^2} \, . \tag{1}$$

Hierin bedeuten:

$\vartheta =$ Wandtemperatur in $^\circ$ C.
$r =$ Halbmesser der betrachteten Stelle in m.
$\lambda =$ Wärmeleitfähigkeit in kcal/m h $^\circ$ C.
$c =$ spezifische Wärme in kcal/kg $^\circ$ C.
$\gamma =$ spezifisches Gewicht in kg/m³.
$a = \lambda/c\gamma =$ Temperaturleitfähigkeit in m²/h.

Zur eindeutigen Lösung der Aufgabe der nicht stationären Wärmeströmung müssen verschiedene Bedingungen der örtlichen und zeitlichen Begrenzung gegeben werden, zwei örtliche und eine zeitliche Randbedingung. Die Lösung der Aufgabe für die stationäre Strömung ist jedoch sehr viel einfacher und soll zunächst behandelt werden. Für diese ist, weil sich die Temperatur ϑ mit der Zeit t nicht ändert:

$$\frac{\partial \vartheta}{\partial t} = 0 \, .$$

Wegen dieser Bedingung folgt aus Gl. (1):

$$\frac{\partial^2 \vartheta}{\partial r^2} = 0 \qquad \text{oder} \qquad \frac{\partial \vartheta}{\partial r} = \text{const} \, . \tag{2}$$

Gl. (2) besagt, daß der Temperaturverlauf innerhalb der Wandungen des ausgemauerten Gefäßes geradlinig ist.

Abb. 2 zeigt im Schema den Temperaturverlauf eines ausgemauerten stählernen Gefäßes mit Schutzschicht, das innen geheizt ist. Die Eisenwandstärke sei δ_3 in m, die Schutzschicht (Gummi, Blei, Oppanol oder dergl.) sei δ_2 in m und die Stärke der Ausmauerung betrage δ_1 in m. Die bezüglichen Temperaturen sind t_1, t_2, t_3, t_4, t_0 in °C, die Wärmeleitzahlen der Schichten sind λ_1, λ_2, λ_3 in kcal/m h °C und die Wärmeübergangszahl vom Eisenmantel an die Luft sei α_l in kcal/m² h °C. Der Temperaturverlauf zwischen den einzelnen Grenztemperaturen ist, wie oben für den stationären Vorgang bewiesen, geradlinig. Um zu einem mathematischen Ansatz zu gelangen, betrachtet man die Temperaturunterschiede in den einzelnen Schichten und bedenkt, daß sich diese wie Wärmewiderstände [2] verhalten. Die Temperatur im Innern der Flüssigkeit betrage t_i °C und die Wärmeübergangszahl von der Flüssigkeit an die Wand betrage α_i. Zwei Wärmeübergänge, innen mit α_i, außen mit α_l, und drei Wärmeleitvorgänge sind hintereinander geschaltet. Der durch die Fläche von F m² gehende, wegen stationärer Strömung überall gleichgroße Strom Q ergibt dann in bekannter Weise die fünf folgenden Gleichungen:

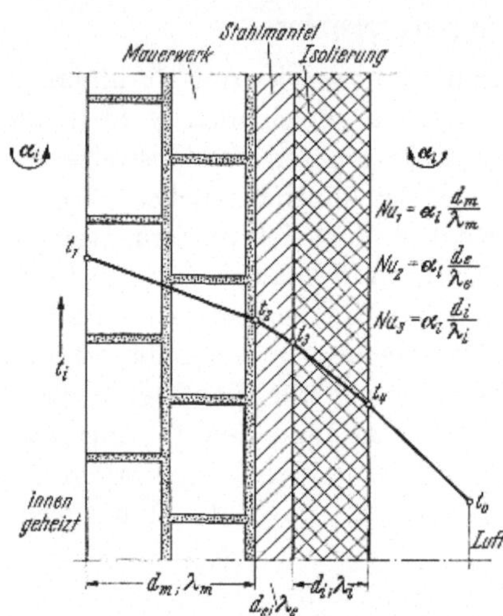

Abb. 2. Temperaturverlauf in der Wand eines ausgemauerten Behälters.

$$t_i - t_1 = \frac{Q}{\alpha_i F} \qquad \text{innerer Wärmeübergang,}$$

$$t_1 - t_2 = \frac{\delta_1 Q}{\lambda_1 F} \qquad \text{für Mauerwerk,}$$

$$t_2 - t_3 = \frac{\delta_2}{\lambda_2} \cdot \frac{Q}{F} \qquad \text{für Schutzschicht,} \tag{3}$$

$$t_3 - t_4 = \frac{\delta_3}{\lambda_3} \cdot \frac{Q}{F} \qquad \text{für Stahlmantel,}$$

$$t_4 - t_0 = \frac{1}{\alpha_l} \cdot \frac{Q}{F} \qquad \text{äußerer Wärmeübergang.}$$

Von diesen Temperaturverlusten ist derjenige beim Übergang der Wärme von der siedenden Lauge an das Mauerwerk wegen der außerordentlich hohen Wärmeübergangszahl α_i von 2000 kcal/m² h °C und mehr so gering, daß praktisch $(t_i - t_1)$ gleich Null gesetzt werden kann. Für das Wärmedurchgangsproblem des ausgemauerten Apparates sind der Gesamt-Temperaturverlust $(t_1 - t_4)$ in allen Schichten und der Temperaturverlust (t_4-t_0) beim Wärmeübergang vom Stahlmantel an die Luft von besonderer Bedeutung, weil diese drei Temperaturen t_1, t_4 und t_0 die Art der Ausmauerung beeinflussen. Der Temperaturverlust (t_1-t_4) verhält sich zu dem Temperaturverlust (t_4-t_0) wie der Gesamt-Wärmewiderstand in den drei Schichten $(\delta_1/\lambda_1 + \delta_2/\lambda_2 + \delta_3/\lambda_3)$ zu dem Wärmewiderstand $1/\alpha_l$ an die umgebende Luft. Hierbei wird zur anschaulicheren Darstellung das Umgekehrte der Wärmeübergangszahl $(1/\alpha_l)$ als Wärmewiderstandszahl bezeichnet. Ferner möge noch das Verhältnis der Temperaturverluste $(t_1-t_4)/(t_4-t_0)$ durch die Größe φ gekennzeichnet werden:

$$\varphi = \frac{t_1-t_4}{t_4-t_0} = \frac{\dfrac{\delta_1}{\lambda_1} + \dfrac{\delta_2}{\lambda_2} + \dfrac{\delta_3}{\lambda_3}}{\dfrac{1}{\alpha_l}} = \frac{\alpha_l\,\delta_1}{\lambda_1} + \frac{\alpha_l\,\delta_2}{\lambda_2} + \frac{\alpha_l\,\delta_3}{\lambda_3}. \tag{4}$$

Die drei Größen $\alpha_l\delta_1/\lambda_1$, $\alpha_l\delta_2/\lambda_2$ und $\alpha_l\delta_3/\lambda_3$ sind dimensionslose NUSSELTsche Kenngrößen des Wärmedurchgangs der drei Schichten. Jede einzelne von ihnen kennzeichnet das Verhältnis des Wärmedurchgangswiderstandes der betreffenden Schicht zum Wärmeübergangswiderstand vom Stahlmantel an die umgebende Luft.

Im allgemeinen sind von Gl. (4) t_1 als Innentemperatur des Mauerwerks und t_0 als Außentemperatur der umgebenden Luft bekannt, während die äußere Eisenwandtemperatur t_4 gesucht wird. Deshalb muß Gl. (4) aufgelöst werden:

$$t_4 = \frac{1}{\varphi + 1} \cdot t_1 + \frac{\varphi}{\varphi + 1} \cdot t_0 .$$

Da die Innentemperatur t_1 des Mauerwerkes wegen des geringen Wärmeübergangswiderstandes $1/\alpha_i$ der Flüssigkeit an das Mauerwerk praktisch gleich der Innentemperatur t_i der Flüssigkeit ist, soll im weiteren Verlauf der Rechnung $t_1 = t_i$ gesetzt werden. Die äußere Eisenwandtemperatur t_4, die wegen der guten Wärmeleitung

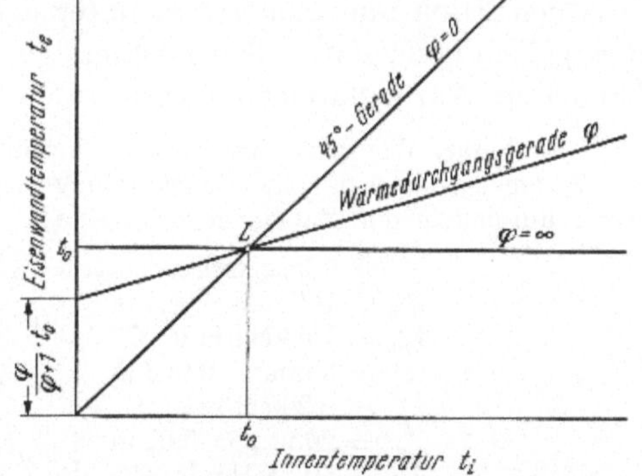

Abb. 3. Eisenwandtemperatur t_e in Abhängigkeit von der Innentemperatur t_i.

des Eisens $(\lambda_e = 50 \text{ kcal/m h } °\text{C})$ praktisch gleich der inneren Eisenwandtemperatur t_3 ist, soll weiterhin mit t_e bezeichnet werden. Mit diesen Vereinbarungen lautet dann die letzte Gleichung:

$$t_e = \frac{1}{\varphi + 1} \cdot t_i + \frac{\varphi}{\varphi + 1} \cdot t_0 \tag{5}$$

mit
$$\varphi = (Nu)_m + (Nu)_i + (Nu)_e = \frac{\alpha_l\,d_m}{\lambda_m} + \frac{\alpha_l\,\delta_i}{\lambda_i} + \frac{\alpha_l\,d_e}{\lambda_e}. \tag{6}$$

In einem Diagramm mit t_e als Ordinate und t_i als Abszisse (Abb. 3) wird bei gegebenen Werten von φ und t_0 Gl. (5) durch eine gerade Linie dargestellt. Da für eine Innentemperatur t_i gleich der Umgebungstemperatur t_0 die Eisenwandtemperatur t_e ganz unabhängig von φ ebenfalls zu t_0 wird, müssen alle Geraden für verschiedene φ-Werte durch den gemeinsamen Punkt L auf der 45°-Diagonalen mit den Koordinaten $t_e = t_0$ und $t_i = t_0$ laufen. Ist der Wärmedurchgangswiderstand in den Schichten 0, so wird $\varphi = 0$, und es ist:

$$t_e = t_i \,,$$

d. h. die Gerade $\varphi = 0$, Fehlen jeder Ausmauerung und jeder Isolierschicht, wird durch die 45°-Diagonale im Diagramm dargestellt. Bei einem unendlich großen Wärmedurchgangswiderstand, also bei unendlich starker Ausmauerung, ist $\varphi = \infty$. Für $\varphi = \infty$ wird aber in Gl. (5):

$$t_e = t_0 \,,$$

d. h. die durch L gehende waagerechte Gerade veranschaulicht $\varphi = \infty$, die unendlich starke Ausmauerung. Alle φ-Geraden laufen also durch L und liegen zwischen der 45°-Diagonalen und der Waagrechten. Welche der durch L gehenden φ-Geraden für irgend einen vorliegenden Fall der Ausmauerung die richtige ist, kann durch die Überlegungen des Wärmedurchgangs und des Wärmeübergangs allein nicht entschieden werden. Hier muß noch eine zweite Betrachtung, die das Dehnungsgleichgewicht zwischen Eisen und Mauerwerk untersucht, herangezogen werden. Ehe dies jedoch geschieht, sollen noch einige Aufgaben über den soeben behandelten Wärmedurchgang besprochen werden.

1. Aufgabe. Wie groß sind die drei einzelnen NUSSELTschen Kenngrößen und die Summengröße φ für eine Ausmauerung, deren Stärkeabmessungen und Stoffwerte durch folgende Zahlen gegeben sind:

$$
\begin{aligned}
\alpha_l &= 8 \text{ kcal/m}^2\text{h °C.} \\
d_m &= 100 \text{ mm} = 0,1 \text{ m} \\
\lambda_m &= 1,5 \text{ kcal/m h °C}
\end{aligned} \quad \Bigg\} \text{ für das Mauerwerk.}
$$

$$
\begin{aligned}
\delta_i &= 3 \text{ mm} = 0,003 \text{ m} \\
\lambda_i &= 0,2 \text{ kcal/m h °C}
\end{aligned} \quad \Bigg\} \text{ für Schutzschicht.}
$$

$$
\begin{aligned}
d_e &= 20 \text{ mm} = 0,02 \text{ m} \\
\lambda_e &= 50 \text{ kcal/m h °C}
\end{aligned} \quad \Bigg\} \text{ für Stahlmantel.}
$$

Lösung: Aus Gl. (6) ergibt sich:

$$(Nu)_m = \frac{\alpha_l\, d_m}{\lambda_m} = \frac{8 \cdot 0,1}{1,5} = 0,534 \,,$$

$$(Nu)_i = \frac{\alpha_l\, d_i}{\lambda_i} = \frac{8 \cdot 0,003}{0,2} = 0,12 \,,$$

$$(Nu)_e = \frac{\alpha_l\, d_e}{\lambda_e} = \frac{8 \cdot 0,02}{50} = 0,0032 \,.$$

Aus diesen 3 Werten errechnet sich die Gesamtgröße φ zu:

$$\varphi = (Nu)_m + (Nu)_i + (Nu)_e = 0,534 + 0,12 + 0,0032 = 0,6572 \,.$$

Die $(Nu)_e$ ist an dieser Summe nur beteiligt mit:

$$\frac{0,0032}{0,6572} \cdot 100 = 0,49\% \,.$$

Man erkennt den geringen Einfluß des Stahlmantels beim Wärmedurchgang.

2. Aufgabe. Welche Maßnahmen können ergriffen werden, um die Kenngröße φ der vorigen Aufgabe von 0,66 auf die geforderte Größe 0,86 zu bringen? Welche der Maßnahmen ist die zweckmäßigste?

Lösung: Zur wesentlichen Vergrößerung von φ können nur $(Nu)_m$ und $(Nu)_i$ beitragen. Die Vergrößerung muß betragen:

$$\Delta\varphi = 0,86 - 0,66 = 0,2 \,.$$

Würde man $(Nu)_m$ vergrößern, so würde sein:

$$(Nu)_m = 0,734 = \frac{8\, d_m}{1,5}$$

$$d_m = \frac{0,734 \cdot 1,5}{8} = 0,1375 \text{ m} \simeq 138 \text{ mm} \,.$$

Die Mauerwandstärke müßte von 100 mm auf 138 mm vergrößert werden. Würde man $(Nu)_i$ erhöhen, so würde sein:

$$(Nu)_i = 0,32 = \frac{8\, \delta_i}{0,2}$$

$$\delta_i = \frac{0,32 \cdot 0,2}{8} = 0,008 \text{ m} = 8 \text{ mm} \,.$$

Die zweckmäßigste Maßnahme wäre wohl die, gleichzeitig d_m und δ_i zu vergrößern. δ_i sollte auf 6 mm erhöht werden, weil diese Stärke praktisch gut ausführbar ist. Der Rest sollte durch Erhöhung der Mauerwandstärke aufgebracht werden. Aus diesen Überlegungen ergibt sich der Ansatz:

$$\frac{8\, d_m}{1,5} + \frac{8 \cdot 0,006}{0,2} + 0,0032 = 0,86 \,.$$

Hieraus findet man:

$$d_m = 0,116 \text{ m} \simeq 120 \text{ mm} \,.$$

3. Aufgabe. Im Innern eines Gefäßes herrsche die Temperatur $t_i = 100^\circ$ C und außerhalb sei die Temperatur der umgebenden Luft $t_0 = 30^\circ$ C. Wie groß ist bei einer Mauerwandstärke von 120 mm ($\lambda_m = 1,5$ kcal/m h $^\circ$C) und einer Eisenwandstärke von 30 mm ($\lambda_e = 50$ kcal/m h $^\circ$C) die Eisenwandtemperatur t_e, wenn $\alpha_l = 10$ kcal/m² h $^\circ$C ist?

Lösung: Aus Gl. (6) folgt:

$$(Nu)_m = \frac{\alpha_l\, d_m}{\lambda_m} = \frac{10 \cdot 0,12}{1,5} = 0,8 \,,$$

$$(Nu)_e = \frac{\alpha_l\, d_e}{\lambda_e} = \frac{10 \cdot 0,03}{50} = 0,006 \,.$$

Hieraus findet man:

$$\varphi = (Nu)_m + (Nu)_e = 0,8 + 0,006 = 0,806 \,.$$

Aus Gl. (5) errechnet man:

$$t_e = \frac{1}{1,806} \cdot 100 + \frac{0,86}{1,806} \cdot 30 \,,$$

$$t_e = 53,8 + 13,4 = 67,2^\circ \text{ C} \,.$$

3. Das Wärmedehnungsproblem.

Während das Wärmedurchgangsproblem zur Ermittlung des Temperaturverlaufes im Mauerwerk aufgestellt war, behandelt das Wärmedehnungsproblem die aus dem gefundenen Temperaturverlauf sich ergebenden Dehnungen und Spannungen. Bei diesem eigentlichen Grundproblem der Ausmauerung werden nun auch die durch die Temperaturdifferenzen sich ergebenden Festigkeitsbeanspruchungen des Verbundkörpers Stein-Kitt-Eisen in die Berechnung mit einbezogen.

a) Allgemeine Betrachtungen.

Die Erfüllung der erforderlichen Dehnungsbedingungen bereitet wegen der verschiedenen Wärmeleitfähigkeiten und Wärmedehnungen von Eisen und Mauerwerk besondere Schwierigkeiten. Damit keine Ablösung des Mauerwerks vom eisernen Mantel eintreten kann, dürfen die relativen Dehnungen des Eisens durch Wärme und inneren Überdruck an der Berührungsstelle zwischen Eisen- und Mauerwerkszylinder nicht größer sein als die relativen Dehnungen des Mauerwerkes. Außerdem dürfen an der Berührungsfläche der beiden Zylinder im Mauerwerk keine Zugspannungen auftreten. Wenn aber keine Gegenmaßnahmen getroffen werden, entstehen bei einem von innen geheizten Gefäß sowohl

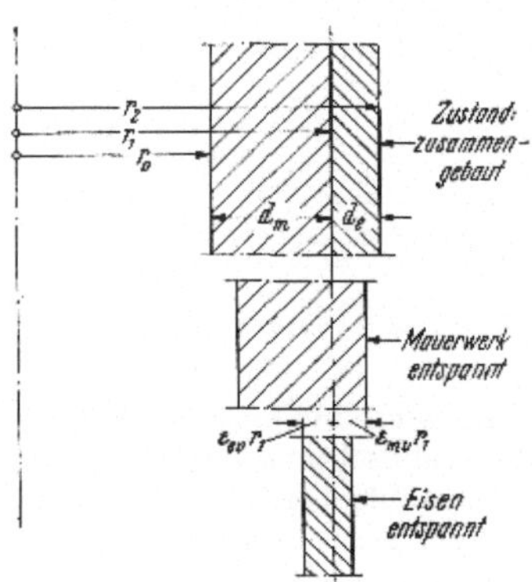

Abb. 4. Erklärungsskizze zur Vorspannung.

durch Wirkung des Temperaturunterschiedes zwischen Innen- und Außenzylinder als auch durch die Wirkung des inneren Überdruckes Zugspannungen im äußeren Mauerwerkszylindermantel. Um diese Zugspannungen, die ein Zerreißen des Mauerwerkverbandes zur Folge hätten, aufzuheben, erteilt man durch die Ausmauerung dem Mauerwerkszylinder eine *Druckvorspannung* und dadurch von selbst dem umgebenden Eisenzylinder eine *Zugvorspannung*. Durch einen Vorspanndruck p_v zwischen Eisen- und Mauerwerksmantel wird der Eisenzylinder unter den Innendruck p_v und der Mauerwerkszylinder unter den Außendruck p_v gestellt. In Abb. 4 sind die bei solcher Beanspruchung im Mauerwerk und im Eisen auftretenden Vorspanndehnungen schematisch erläutert. Nach erfolgter Ausmauerung und Erreichung des Beharrungszustandes der Vorspannung möge der Halbmesser des Gefäßes innen r_0 sein, der des äußeren Mauerwerkszylinders sei r_1 und der des äußeren Eisenmantels sei r_2. Die senkrecht zu den Zylinderflächen gerichtete Flächenpressung zwischen Mauerwerk und Eisen ist p_v. In tangentialer Richtung treten die Spannungen σ_{m_v} im Mauerwerk und σ_{e_v} im Eisen auf. Hierdurch entstehen die tangentiale Zugdehnung ε_{e_v} im Eisen und die tangentiale Druckstauchung ε_{m_v} im Mauerwerk.

Würde man das Mauerwerk entfernen, so würde sich der Eisenmantel unter Verschwinden des Innendruckes p_v zusammenziehen, und der Halbmesser r_1 würde sich um $r_1\,\varepsilon_{e_v}$ verkleinern. Würde man andrerseits den Eisenmantel entfernen, so würde sich der Mauerwerkszylinder unter Verschwinden des Außendruckes p_v erweitern und der Halbmesser r_1 sich um $r_1\varepsilon_{m_v}$ vergrößern. Der entspannte äußere Mauerwerkszylinder ist also, wie aus Abb. 4 hervorgeht, größer in seinem Durchmesser als der entspannte innere Eisenzylinder, und zwar unterscheiden sich die entsprechenden Halbmesser um den Betrag $r_1 q = r_1 (\varepsilon_{m_v} + \varepsilon_{e_v})$. Die Größe $q = \varepsilon_{m_v} + \varepsilon_{e_v}$ soll mit *Quellung* bezeichnet werden, um anzudeuten, daß sie durch die Quellung des Ausmauerungskittes erzeugt sein soll. Man kann die gleiche Vorspannung auch durch Schrumpfwirkung mittels Wärme hervorbringen. Da der Halbmesser des spannungslosen äußeren Mauerwerkszylinders um den Betrag $r_1 q = r_1(\varepsilon_{m_v} + \varepsilon_{e_v})$ größer ist als der Halbmesser des spannungslosen inneren Eisenzylinders, so muß dieser durch Erwärmung so weit gedehnt werden, daß der innere Halbmesser des erwärmten Zylinders um $r_1 q$ größer ist als der des kalten. Beim Abkühlen zieht sich der Eisenzylinder um ebensoviel zusammen, wie der äußere Mauerwerkszylinder durch den Schrumpfdruck p_v von außen zusammengedrückt wird. Dadurch bleibt von der vorher durch Wärme erzeugten Gesamtvergrößerung $r_1 q$ des inneren Eisenhalbmessers nur noch der Betrag $r_1 q - \varepsilon_{m_v} r_1 = \varepsilon_{e_v} r_1$ übrig. Die Gesamtdehnung zwischen Eisen und Mauerwerk kann also durch die Formel ausgedrückt werden:

$$q = \varepsilon_{m_v} + \varepsilon_{e_v} \, . \tag{7}$$

Für die Erzeugung der Vorspannung durch Erwärmung wäre

$$q\,r_1 = \varepsilon_{e_w}\,r_1 \, ,$$

wenn man mit ε_{e_w} die Erwärmungsdehnung des eisernen Mantels meint. Für diesen Fall ist dann:

$$\varepsilon_{e_w} = \varepsilon_{m_v} + \varepsilon_{e_v} \, . \tag{8}$$

$\varepsilon_{e_w} - \varepsilon_{e_v} = \varepsilon_{m_v}$ ist hierbei die relative Zusammendrückung des Mauerwerkes durch den sich abkühlenden Eisenzylinder. Andrerseits ist $q - \varepsilon_{m_v} = \varepsilon_{e_v}$ die relative Ausdehnung des Eisenzylinders durch den quellenden Kitt des Mauerwerkes. Für die folgende Untersuchung des durch die innere Temperatur t_i und den inneren Überdruck p belasteten Gefäßes ist es an sich gleichgültig, ob man sich die Vorspannung durch Erwärmung des Eisens und durch die Wärmedehnung ε_{e_w} oder durch die Quellung des Kittes um q erzeugt denkt. Man kann sogar etwa fehlende Kittquellung durch Zusatzerwärmung des Eisenmantels beim Ausmauern ergänzen.

b) Das Gleichgewicht der Dehnungen.

Beim ausgemauerten Gefäß müssen, wie bereits erwähnt, die Dehnungen am äußersten Mauerwerkszylinder insgesamt ebenso groß sein wie die Dehnungen am inneren Eisenzylinder, damit ein Dehnungsgleichgewicht besteht und das Mauerwerk sich weder vom Eisen loslöst noch mit einem besonderen Druck an das Eisen angepreßt wird. Daß zuweilen eine Zusatzanpressung von Vorteil sein kann, wird später erläutert werden.

Das Mauerwerk erfährt folgende Dehnungen:

α) infolge Temperaturerhöhung über die Ausmauerungstemperatur t_a hinaus:

$$(t_m - t_a)\alpha_m .$$

β) infolge Temperaturunterschied zwischen innerem und äußerem Mauerwerkszylinder:

$$\frac{m}{m-1}\alpha_m \, (t_m - t_e) \quad \text{nach A. u. L. Föppl [3];}$$

γ) infolge innerem Überdruck p:

$$\varepsilon_{m_p} .$$

Der Eisenmantel erfährt folgende Dehnungen:

α) infolge Temperaturerhöhung über die Ausmauerungstemperatur t_a hinaus:

$$(t_e - t_a) \cdot \alpha_e .$$

β) infolge innerem Überdruck p:

$$\varepsilon_{e_p} .$$

Hierin bedeuten:

t_a = Ausmauerungstemperatur in °C.
t_m = mittlere Temperatur der Mauerwand in °C.
t_e = Eisenmanteltemperatur in °C.
α_m = lineare Wärmedehnzahl in Grad^{-1} für Mauerwerk.
α_e = lineare Wärmedehnzahl in Grad^{-1} für Eisen.
m = Verhältnis von Längs- zur Querdehnung.
p = Innendruck in kg/cm².
ε_{m_p} = spezifische Ausdehnung des Maurerwerks durch p.
ε_{e_p} = spezifische Ausdehnung des Eisens durch p.

Das Dehnungsgleichgewicht zwischen Mauerwerk und Eisen läßt sich nun durch folgende Gleichung ausdrücken:

$$(t_m - t_a)\,\alpha_m + \frac{m}{m-1}\alpha_m\,(t_m - t_e) + \varepsilon_{mp} = \varepsilon_{ep} + (t_e - t_a)\,\alpha_e . \qquad (9)$$

Wegen des im Verhältnis zur Ausmauerungsstärke großen Gefäßdurchmessers dürfen alle Dehnungen auf die Berührungskreislinie zwischen Mauerwerk und Eisenmantel bezogen werden. Da ferner der Mauerwerkszylinder durch den Eisenmantel gehindert wird, kann er nur durch den inneren Überdruck p dieselbe Dehnung ε_{e_p} wie der Eisenmantel erfahren, so daß $\varepsilon_{m_p} = \varepsilon_{e_p}$ ist. Damit fällt die Dehnung durch den Druck p, weil beiden gemeinsam, aus der obigen Bilanzgleichung heraus. Gl. (9) kann deshalb auch geschrieben werden:

$$(t_m-t_a)\,\alpha_m + \frac{m}{m-1}\,\alpha_m\,(t_m-t_e) = (t_e-t_a)\,\alpha_e\,. \tag{10}$$

Gl. (10) ist der mathematische Ausdruck der Dehnungsbilanz von Mauerwerk (links) und Eisen (rechts). Die mittlere Mauerwerkstemperatur t_m ist der Mittelwert aus Innentemperatur t_i und Außentemperatur des Mauerwerks = Eisentemperatur t_e, da ja das Eisen die hohe Wärmeleitfähigkeit besitzt. Es gilt also

$$t_m = \frac{t_i + t_e}{2}\,.$$

Setzt man diesen Wert in Gl. (10) ein, so erhält man:

$$(t_i + t_e - 2\,t_a)\,\alpha_m + \frac{m}{m-1}\cdot\alpha_m\,(t_i-t_e) = 2(t_e-t_a)\,\alpha_e\,. \tag{11}$$

In dieser Gleichung ist kein Glied über Quellung oder Vorspannung enthalten. Der tiefere physikalische Grund dieser mathematischen Tatsache liegt darin, daß beim Ausmauerungsproblem zweierlei Spannungsarten auftreten, die *Eigenspannungen* und die *Lastspannungen*. Die Eigenspannungen sind hier die durch die Quellung des Kittes oder die durch die Aufschrumpfung des sich abkühlenden heißen Eisenmantels auf das Mauerwerk durch die *Herstellung* entstehenden Spannungen, die Lastspannungen sind hier die durch Druck p und Temperaturunterschiede (t_i-t_a) während des Betriebes entstehenden Spannungen. Für die Beziehung der Eigenspannungen zu den Lastspannungen gilt aber folgendes ganz allgemeine Gesetz [*4*]:

„Solange die Elastizitätsgrenze nicht überschritten wird, verhält sich ein mit Eigenspannungen behafteter Körper gegenüber einer Belastung genau so, als wenn er frei von Eigenspannungen wäre.“

Anders ausgedrückt heißt dies, daß die Lastspannungen unabhängig von den Eigenspannungen sind und deshalb in Gl. (11) die Quellgröße und Vorspannung nicht enthalten sein können.

In Gl. (11) sind α_m, α_e, m und t_a gegebene feste Werte, während t_i und t_e veränderlich sind. Da t_i und t_e in der ersten Potenz vorkommen und auch kein Glied $t_i \cdot t_e$ vorhanden ist, muß sich Gl. (11) als eine gerade Linie in einem t_z—t_i-Diagramm darstellen lassen. Zuvor soll die Gleichung noch in einer geeigneteren Form angeschrieben werden:

$$t_e = \frac{(2\,m-1)\,\alpha_m}{2\,(m-1)\,\alpha_e + \alpha_m} \cdot t_i + \frac{2\,(m-1)\,(\alpha_e - \alpha_m)}{2\,(m-1)\,\alpha_e + \alpha_m} \cdot t_a. \tag{12}$$

Um aus dieser Gleichung des Wärmedehnungsgleichgewichtes die für die Ausmauerung wichtigen Beziehungen zur Gleichung des Wärmedurchganges ableiten zu können, sollen vorübergehend folgende Abkürzungen eingeführt werden:

$$\left.\begin{aligned} \frac{(2\,m-1)\,\alpha_m}{2\,(m-1)\,\alpha_e + \alpha_m} &= m_0 \\ \frac{2\,(m-1)\,(\alpha_e - \alpha_m)}{2\,(m-1)\,\alpha_e + \alpha_m} &= m_1 \end{aligned}\right\}. \tag{13}$$

Mit diesen Abkürzungen lautet Gl. (12):

$$t_e = m_0 \cdot t_i + m_1 t_a. \tag{14}$$

Ist nun die Innentemperatur t_i gleich der Ausmauerungstemperatur t_a, so muß naturgemäß auch die Eisenwandtemperatur t_e gleich t_a werden. Für diese Forderung lautet Gl. (14):

$$t_a = m_0 \cdot t_a + m_1 t_a = t_a\,(m_0 + m_1).$$

Diese Bedingung kann durch Gl. (14) nur erfüllt werden, wenn $m_0 + m_1 = 1$ ist. Außer dieser Gleichung für m_0 und m_1 gilt auch noch:

$$\frac{m_1}{m_0} = \varphi_0.$$

Will man, wie es zweckmäßig erscheint, m_0 und m_1 durch die Größe φ_0 ausdrücken, so ergibt sich aus den beiden letzten Gleichungen:

$$m_0 + m_0\,\varphi_0 = 1$$

und

$$m_0 = \frac{1}{\varphi_0 + 1},$$

ferner

$$m_1 = m_0\,\varphi_0 = \frac{\varphi_0}{\varphi_0 + 1}.$$

Mit diesen Werten lautet dann Gl. (14):

$$t_e = \frac{1}{\varphi_0 + 1} \cdot t_i + \frac{\varphi_0}{\varphi_0 + 1} \cdot t_a \tag{15}$$

mit

$$\varphi_0 = \frac{m_1}{m_0} = \frac{2\,(m-1)\,(\alpha_e - \alpha_m)}{(2\,m-1)\,\alpha_m}. \tag{16}$$

Gl. (15) für das Wärmedehnungsproblem hat dieselbe Gestalt wie Gl. (5) für das Wärmedurchgangsproblem [5]. Beide Gleichungen stellen gerade Linien im t_e—t_i-Diagramm dar, die Wärmedurchgangsgerade und die

Wärmedehnungsgerade. Bei der Wärmedurchgangsgeraden kennzeichnet t_0 die Temperatur der umgebenden Luft, bei der Wärmedehnungsgeraden kennzeichnet t_a die Ausmauerungstemperatur. Die dimensionslose Größe φ_0 drückt das Verhältnis von zwei Wärmedehnzahlen aus. Dies erkennt man ganz deutlich, wenn man den Sonderfall keiner Querdehnung zur Zugrichtung mit $m = \infty$ näher betrachtet. Hierfür wird nämlich:

$$\varphi_0 = \frac{\alpha_e - \alpha_m}{\alpha_m}.$$

Diese Größe stellt das Verhältnis der *relativen* Wärmedehnungs-Überschußzahl des Eisens über die Wärmedehnzahl des Mauerwerkes zur Wärmedehnzahl des Mauerwerkes dar. Die dimensionslose Größe φ_0 in Gl. (16) hängt nur von den Stoffwerten m, α_m des Mauerwerkes und α_e des Eisens ab.

Um die Grenzwerte von φ_0 zu erkennen, schreibt man φ_0 in der Form:

$$\varphi_0 = \frac{2\,(m-1)}{(2\,m-1)} \cdot \left(\frac{\alpha_e}{\alpha_m} - 1 \right). \qquad (16\,\text{a})$$

Gelänge es nun, für die Ausmauerung ein Mauerwerk zu verwenden mit einer Wärmedehnzahl α_m gleich der Wärmedehnzahl α_e des Eisens, so wäre $\varphi_0 = 0$. Nach Gl. (15) dürfte dann mit Rücksicht auf das Dehnungsverhalten $t_e = t_i$ werden. Das würde bedeuten, daß selbst bei einem außen gut isolierten Gefäß mit einer solchen Ausmauerung ohne besondere Sicherheitsmaßnahmen keine Ablösung des Mauerwerkes vom Eisen stattfinden würde. Das hieße aber, daß es im Apparatebau, genau wie im Eisenbetonbau, kein Wärmedehnungsproblem mehr gäbe. Dies stellt die untere Grenze für φ_0 vor.

Für das Wärmedurchgangsproblem war ebenfalls die untere Grenze $\varphi = 0$ und die Bedingung $t_i = t_e$ erfüllt. Dort bedeutete dies aber, daß der Wärmedurchgangswiderstand im Mauerwerk Null war.

Die obere Grenze von φ_0 wird durch $\varphi_0 = \infty$ mit $\alpha_m = 0$ gekennzeichnet, d. h. das Mauerwerk dehnt sich durch die Erwärmung überhaupt nicht. Hierfür wird nach Gl. (15) $t_e = t_a$ für alle Innentemperaturen t_i. Weil sich das Mauerwerk durch die Temperaturerhöhung nicht mehr dehnt, verbleibt es in seiner ursprünglichen Lage wie bei der Ausmauerungstemperatur t_a. Ist nicht gleichzeitig der Wärmedurchgangswiderstand unendlich groß, so dehnt sich der Eisenmantel und löst sich von dem stillstehenden Mauerwerkszylinder ab.

Für das Wärmedurchgangsproblem war ebenfalls die obere Grenze $\varphi = \infty$ und die Bedingung $t_e = t_0$ für alle t_i erfüllt. Dort bedeutete dies aber, daß der Wärmedurchgangswiderstand im Mauerwerk unendlich war.

In Abb. 5 ist die Gerade für das Dehnungsgleichgewicht im t_e—t_i-Koordinatensystem gezeichnet. A bedeutet hierbei den Ausmauerungspunkt auf der 45°-Diagonalen mit der Ausmauerungstemperatur t_a. Die untere Grenze mit $\varphi_0 = 0$ wird ebenfalls durch die 45°-Diagonale, die obere Grenze durch die waagrechte Gerade durch A dargestellt. Während sich die Wärmedurchgangsgerade in Abb. 3 mit der Größe der Nusseltschen Zahlen (Ausmauerungsstärke) ändert, bleibt die φ_0-Gerade fast immer die gleiche, da m, α_e und α_m meistens dieselben Werte behalten.

Wird infolge zu dünner Ausmauerung die Eisenwandtemperatur t_e größer als die der Innentemperatur t_i durch die Gleichgewichtsgerade zugeordnete Eisenwandtemperatur t_e, liegt also in Abb. 5 der

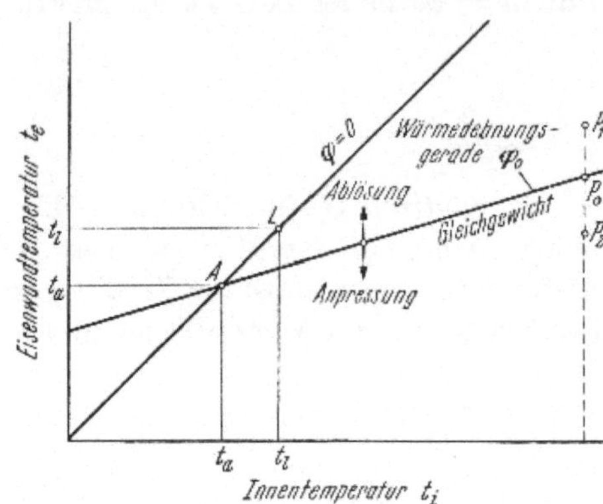

Abb. 5. Gleichgewichtsgerade der Dehnung.

Diagrammpunkt P_1 oberhalb des Geradenpunktes P_0, so kann kein Gleichgewicht mehr bestehen. In Gl. (10) wird dann, wie die Nachrechnung zeigt,

$$(t_e - t_a)\, \alpha_e > (t_m - t_a)\, \alpha_m + \frac{m}{m-1}\, \alpha_m\, (t_m - t_e)\,.$$

Das heißt aber: Die Dehnung des Eisenmantels wird größer als die Dehnung des Mauerwerkes, der Eisenmantel muß sich vom Mauerwerk ablösen. Wird andrerseits die Eisenwandtemperatur t_e kleiner als dem Gleichgewichtsgeradenpunkt P_0 entspricht, so erhält das Mauerwerk einen Zusatzdruck. Ganz allgemein kann gesagt werden: Bei Darstellungspunkten oberhalb der Gleichgewichtsgeraden in Abb. 5 tritt *Ablösung*, bei Punkten unterhalb *Anpressung* des Mauerwerks ein.

4. Aufgabe. Welchen Einfluß übt die Querkontraktionszahl m auf die relative Wärmedehnungszahl φ_0 aus? Zeige für $m = 4, 5, 6$ und ∞ die Veränderungen von φ_0 bei $\alpha_e = 1{,}2 \cdot 10^{-5}$ und $\alpha_m = 0{,}6 \cdot 10^{-5}$.

Lösung: Für die obigen Wärmedehnzahlen $\alpha_e = 1{,}2 \cdot 10^{-5}$ und $\alpha_m = 0{,}6 \cdot 10^{-5}$ wird:

$$\frac{\alpha_e - \alpha_m}{\alpha_m} = \frac{1{,}2 \cdot 10^{-5} - 0{,}6 \cdot 10^{-5}}{0{,}6 \cdot 10^{-5}} = 1\,.$$

Somit wird nach Gl. (16):

$$\varphi_0 = \frac{2\,(m-1)}{(2\,m-1)}\,.$$

Für φ_0 als Ordinate und m als Abszisse stellt diese Gleichung die Gleichung einer

Hyperbel dar. Für $m = 1$ wird $\varphi_0 = 0$ und für $m = \infty$ wird $\varphi_0 = 1$. Es ergeben sich:

$$\text{für } m = 4 \quad \varphi_0 = 0{,}86 \, ,$$
$$m = 5 \quad \varphi_0 = 0{,}88 \, ,$$
$$m = 6 \quad \varphi_0 = 0{,}91 \, ,$$
$$m = \infty \quad \varphi_0 = 1 \, .$$

Die Veränderungen zwischen $m = 4$ und $m = \infty$ sind also nur gering, so daß es beim Ausmauerungsproblem gar nicht so sehr darauf ankommt, in welcher Größe zwischen 4 und 10 der Wert m in die Formel eingesetzt wird.

5. Aufgabe. (Hier soll nur das Wärmedehn- nicht aber das Wärmedurchgangsproblem betrachtet werden.) Um wieviel darf bei gleicher Eisenwandtemperatur $t_e = 70°$ C und gleicher Ausmauerungstemperatur $t_a = 30°$ C die Innentemperatur t_i für eine Ausmauerung mit Kohlestoffsteinen ($\alpha_m = 0{,}45 \cdot 10^{-5}$) größer sein als für eine Ausmauerung mit keramischen Steinen ($\alpha_m = 0{,}6 \cdot 10^{-5}$)? $\alpha_e = 1{,}2 \cdot 10^{-5}$; $m = 4$.

Lösung: Zunächst rechnet man nach Gl. (16) die relativen Wärmedehnungsgrößen φ_0 für Kohlestoffsteine und keramische Steine aus:

Für Kohlestoffsteine: $\quad \varphi_0 = \dfrac{2\,(4 - 1)\,(1{,}2 - 0{,}45) \cdot 10^{-5}}{(2 \cdot 4 - 1) \cdot 0{,}45 \cdot 10^{-5}} = 1{,}43 \, .$

Für keramische Steine: $\varphi_0 = \dfrac{2\,(4 - 1)\,(1{,}2 - 0{,}6) \cdot 10^{-5}}{(2 \cdot 4 - 1) \cdot 0{,}6 \cdot 10^{-5}} = 0{,}86 \, .$

Nach Gl. (15) wird mit $t_e = 70°$ C und $t_a = 30°$ C:

für Kohlestoffsteine: $t_i = t_e\,(\varphi_0 + 1) - \varphi_0\,t_a = 70 \cdot 2{,}43 - 1{,}43 \cdot 30 = 127{,}2°$ C.

für keramische Steine: $t_i = 70 \cdot 1{,}86 - 30 \cdot 0{,}86 = 104{,}4°$ C.

$$\Delta t_i = 127{,}2 - 104{,}4 = 22{,}8° \text{ C.}$$

Um $22{,}8°$ C darf also die Innentemperatur t_i für die Ausmauerung mit Kohlestoffsteinen größer sein als für die Ausmauerung mit keramischen Steinen.

6. Aufgabe. Leite die mathematische Bedingung dafür ab, daß bei Eisenwandtemperaturen t_e, die kleiner als die der entsprechenden Innentemperatur t_i auf der Gleichgewichtsgeraden zugeordneten Temperaturen t_e sind, das Mauerwerk einen Zusatzdruck erhält.

Lösung: Ist t_e kleiner als der Gleichgewichtstemperatur entspricht, so muß gemäß Gl. (12) die Ungleichung gelten:

$$t_e < \frac{(2\,m - 1)\,\alpha_m}{2\,(m - 1)\,\alpha_e + \alpha_m} \cdot t_i + \frac{2\,(m - 1)\,(\alpha_e - \alpha_m)}{2\,(m - 1)\,\alpha_e + \alpha_m} \cdot t_a \, ,$$

$$t_e\,[2\,(m - 1)\,\alpha_e + \alpha_m] < (2\,m - 1)\,\alpha_m\,t_i + 2\,(m - 1)\,(\alpha_e - \alpha_m) \cdot t_a \, .$$

Setzt man in diese Gleichung aus:

$$t_m = \frac{t_i + t_e}{2}$$

$$t_i = 2\,t_m - t_e$$

ein, so erhält man:

$$t_e\,[2\,(m - 1)\,\alpha_e + \alpha_m] < (2\,m - 1)\,\alpha_m\,(2\,t_m - t_e) + 2\,(m - 1)\,(\alpha_e - \alpha_m) \cdot t_a \, .$$

Man trennt nun die Glieder in α_e-Glieder und α_m-Glieder und findet:

$$2\,(m - 1)\,\alpha_e\,(t_e - t_a) < \alpha_m\,[-t_e + (2\,m - 1)\,(2\,t_m - t_e) - 2\,(m - 1) \cdot t_a]$$

$$\alpha_e\,(t_e - t_a) < \alpha_m\left[-\frac{t_e}{2\,(m - 1)} + \frac{(2\,m - 1)}{2\,(m - 1)}\,(2\,t_m - t_e) - t_a \right]$$

oder auch:

$$\alpha_e\,(t_e - t_a) < \alpha_m \left[+ t_m - t_m - \frac{t_e}{2\,(m-1)} + \frac{2\,m-1}{2\,(m-1)} \cdot 2\,t_m - \frac{(2\,m-1)}{2\,(m-1)} \cdot t_e - t_a \right],$$

$$\alpha_e(t_e - t_a) < \alpha_m \left[(t_m - t_a) + \frac{t_m}{(m-1)} \left\{ -(m-1) + (2\,m-1) \right\} - \right.$$
$$\left. - \frac{t_e}{2\,(m-1)} \left\{ 1 + 2\,m - 1 \right\} \right],$$

$$\alpha_e\,(t_e - t_a) < \alpha_m \left[(t_m - t_a) + \frac{m}{m-1}\,t_m - \frac{m}{m-1} : t_e \right]$$

$$\alpha_e\,(t_e - t_a) < (t_m - t_a)\,\alpha_m + \frac{m}{m-1}\,\alpha_m\,(t_m - t_e)\,.$$

Vergleicht man diese Gleichung mit Gl. (10), so erkennt man, daß für $t_e <$ als Gleichgewichtstemperatur t_e die Wärmedehnung $\alpha_e\,(t_e - t_a)$ des Eisens kleiner ist als die Wärmedehnung des Mauerwerkes. Damit ein Ausgleich der Dehnungsdifferenz stattfinden kann, muß das Mauerwerk einen Zusatzdruck von außen und das Eisen einen Zusatzdruck von innen als Reaktion erhalten. Im Mauerwerk tritt also eine Zusatzdruckspannung, im Eisen eine Zusatzzugspannung auf.

4. Das vereinte Wärmedurchgangs- und Wärmedehnungsproblem.

Das gesamte Ausmauerungsproblem läßt sich nun nach obigen Ausführungen sehr anschaulich in einem gemeinsamen $t_e - t_i$-Diagramm durch die beiden Geraden für den Wärmedurchgang und für die Wärmedehnung darstellen:

Die beiden Gleichungen lauten:

$$t_e = \frac{1}{\varphi + 1} \cdot t_i + \frac{\varphi}{\varphi + 1} \cdot t_0 \qquad \text{(Wärmedurchgang)}\,, \tag{5}$$

$$t_e = \frac{1}{\varphi_0 + 1} \cdot t_i + \frac{\varphi_0}{\varphi_0 + 1} \cdot t_a \qquad \text{(Wärmedehnungsgleichgewicht)}. \tag{15}$$

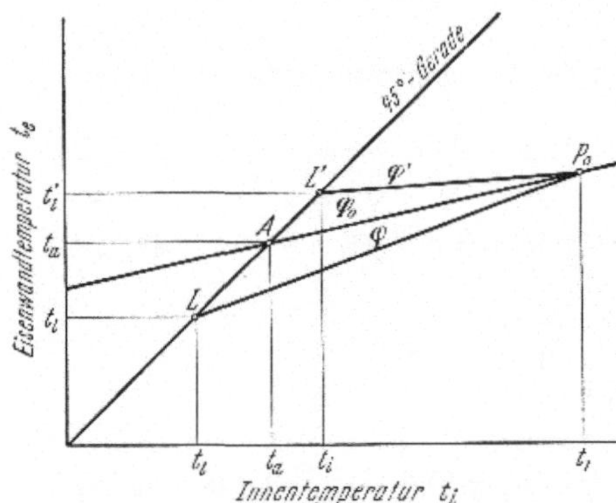

Abb. 6. Gemeinsammes Diagramm für Wärmedurchgang (φ, φ') und Dehnungsgleichgewicht (φ_c).

Im allgemeinen ist zunächst die Ausmauerungstemperatur t_a von der Temperatur der umgebenden Luft t_0 verschieden. Es muß noch die Frage erörtert werden, wie nun t_a zweckmäßig zu t_0 liegen soll. Dies soll an Hand von Abb. 6 festgestellt werden.

In Abb. 6 sind zwei Wärmedurchgangsgeraden für φ und φ' und die Gleichgewichtsgerade für φ_0 gezeichnet. Der Ausmauerungspunkt A auf der φ_0-Geraden kennzeichnet die Ausmauerungstemperatur t_a, und die Punkte L und L' auf den φ- und φ'-Geraden kennzeichnen die Temperaturen $t_0 = t_l$ und $t_0 = t_l'$ der umgebenden Luft. Hierbei ist $t_l < t_a$ und $t_l' > t_a$. Den beiden durch die Gln. (5) und (15) ausgedrückten Bedingungen des Wärmedurchganges und des Wärmedehnungsgleichgewichtes wird im Schnittpunkt der φ- und φ_0-Geraden genügt. Ist beispielsweise die Innentemperatur in Abb. 6 t_i mit t_1, ferner φ_0 und t_a gegeben, so ist dadurch der Gleichgewichtspunkt P_0 bestimmt. Ist nun die Temperatur der umgebenden Luft t_l, so kommt als φ-Gerade die Gerade LP_0 in Frage, ist die Lufttemperatur t_l', so ist $L'P_0$ die φ'-Gerade. Man erkennt, daß die φ-Gerade für $t_l < t_a$ steiler verläuft als für $t_l' > t_a$. Da die Neigung der φ-Geraden durch $1/(\varphi + 1)$ bestimmt wird, so besagt dies, daß für $t_l < t_a$ die Ausmauerungsstärke d_m nach Gl. (6) und Abb. 3 kleiner wird als für $t_l' > t_a$. Wenn beim Abkühlvorgang t_i kleiner als t_1 wird, dann wandert der Punkt P_0 auf der φ-Geraden von P_0 nach L für $t_l < t_a$ und auf der φ'-Geraden von P_0 nach L' für $t_l' > t_a$. Auf der φ'-Geraden gelangt also der Darstellungspunkt in den *Ablösungsbereich*, auf der φ-Geraden in den *Anpressungsbereich*. Da das Mauerwerk nie, auch im Sommer nicht, in den Ablösungsbereich geraten darf, so sollte die Ausmauerungstemperatur t_a gleich der höchsten Sommerlufttemperatur t_l sein. Deshalb sollte die Ausmauerung für $t_a = t_l$ (Sommer) und für $\varphi = \varphi_0$ berechnet werden. Im Winter bei tieferen Temperaturen $t_l < t_a$ erhält man dann mit derselben Ausmauerungsstärke als φ-Gerade Parallele zur φ_0-Geraden durch den jeweiligen Luftpunkt L. Der Punkt P_0 bei $t_i = t_1$ wandert dann in das Anpressungsgebiet. Das Mauerwerk erfährt hierbei einen Zusatzdruck und das Eisen einen Zusatzzug. Da das Eisenmaterial nur bis zu einer gewissen zulässigen Höchstgrenze auf Zug beansprucht werden darf, so erhält man für eine gewisse untere Grenztemperatur eine untere φ-Gerade, während für die obere Grenztemperatur des Sommers die φ-Gerade mit der φ_0-Gleichgewichtsgeraden zusammenfällt. Aus der Gleichsetzung der Wärmedurchgangsgröße φ in Gl. (6) und der relativen Wärmedehnungszahl φ_0 in Gl. (15) kann man nun die Ausmauerungswandstärke berechnen. Bezeichnet man die Mauerwandstärke mit d_m, die Stärke der Schutzschicht mit δ_i und die Eisenwandstärke mit d_e, ferner die bezüglichen Wärmeleitfähigkeiten mit λ_m, λ_i und λ_e, so wird aus Gl. (6):

$$\varphi = \frac{\alpha_l\, d_m}{\lambda_m} + \frac{\alpha_l\, \delta_i}{\lambda_i} + \frac{\alpha_l\, d_e}{\lambda_e}\,.$$

Setzt man hierin gemäß Gl. (16):

$$\varphi = \varphi_0 = \frac{2\,(m-1)\,(\alpha_e - \alpha_m)}{(2\,m-1)\,\alpha_m}$$

ein, so findet man:

$$\frac{\alpha_l\, d_m}{\lambda_m} + \frac{\alpha_l\, \delta_i}{\lambda_i} + \frac{\alpha_l\, d_e}{\lambda_e} = \frac{2\,(m-1)\,(\alpha_e - \alpha_m)}{(2\,m-1)\,\alpha_m}\,.$$

Durch Auflösen nach d_m findet man schließlich als Gleichgewichts-Mauerwandstärke:

$$d_m = \frac{\lambda_m}{\alpha_l} \cdot \frac{2\,(m-1)\,(\alpha_e - \alpha_m)}{(2\,m-1)\,\alpha_m} - \lambda_m \cdot \left(\frac{\delta_i}{\lambda_i} + \frac{d_e}{\lambda_e}\right). \tag{17}$$

Aus Gl. (17) erkennt man, daß die Mauerwandstärke von der Dicke der isolierenden Schutzschicht und von der Eisenwandstärke abhängig ist. Da das Eisen die sehr hohe Wärmeleitzahl $\lambda_e = 50$ kcal/m h °C besitzt, so würde die Mauerwandstärke bei einer normalen Wärmeleitzahl des Mauerwerkes von $\lambda_m = 1{,}5$ kcal/m h °C und einer Eisenwandstärke von $d_e = 30$ mm nur um:

$$\frac{\lambda_m}{\lambda_e} \cdot d_e = \frac{1{,}5 \cdot 0{,}03}{50} = 0{,}0009 \text{ m} = 0{,}9 \text{ mm}$$

vermindert werden. Bei Mauerwandstärken von 100 mm und mehr ist dieser kleine abzuziehende Betrag von 0,9 mm zu vernachlässigen. Für die Berechnung der Mauerwandstärke genügt, für die Praxis hinreichend genau, die Formel:

$$d_m = \frac{\lambda_m}{\alpha_l} \cdot \frac{2\,(m-1)\,(\alpha_e - \alpha_m)}{(2\,m-1)\,\alpha_m} - \frac{\lambda_m}{\lambda_i} \cdot \delta_i\,. \tag{17a}$$

Je besser die Schutzschicht isoliert und je stärker diese ist, umso dünner darf die Mauerwandstärke werden. Für ein $\varphi_0 = 0{,}86$ ein $\alpha_1 = 10$ kcal/m² h °C und ein $\lambda_i = 0{,}2$ kcal/m h °C der Oppanolfolie würde werden:

$$\delta_i = \varphi_0 \cdot \frac{\lambda_i}{\alpha_l} = \frac{0{,}86 \cdot 0{,}2}{10} = 0{,}017 \text{ m} = 17 \text{ mm}\,.$$

Ist keine Schutzschicht vorhanden, $\delta_i = 0$, so wird:

$$d_m = \frac{\lambda_m}{\alpha_l} \cdot \frac{2\,(m-1)\,(\alpha_e - \alpha_m)}{(2\,m-1)\,\alpha_m}\,, \tag{17b}$$

d_m wird bei gegebenen Werten von m, α_e, α_m umso größer, je größer die Wärmeleitfähigkeit λ_m des Mauerwerkes und je kleiner die Wärmeübergangszahl α_l vom Eisenmantel an die umgebende Luft ist. Beim Wärmeübergang vom Eisen an Wasser wird d_m sehr klein, da α_w für Wasser etwa $60 \cdot \alpha_l$ ist. Es ist bemerkenswert, daß in der Gl. (17) für die Mauerwandstärke der Durchmesser des Gefäßes nicht vorkommt. Unter den gleichen Wärmebedingungen ist also die Stärke des Mauerwerkes vom Durchmesser unabhängig. Der Grund hierfür liegt darin, daß bei den Wärmedurchgangs- und Wärmedehnungsbetrachtungen der Durchmesser außer Acht gelassen werden konnte.

7. Aufgabe. Von einer Gefäßausmauerung mögen bekannt sein:

die Ausmauerungstemperatur	$t_a = 30°$ C
die Temperatur d. umgebenden Luft	$t_0 = \ \ 5°$ C
die Nusseltsche Wärmedurchgangszahl	$\varphi = 0{,}56$
die relative Wärmedehnzahl	$\varphi_0 = 0{,}86.$

Bei welchen Temperaturen t_i und t_e ist im Mauerwerk gerade der Gleichgewichtszustand erreicht?

Lösung: Der Gleichgewichtszustand ist durch den Schnittpunkt der Wärmedurchgangsgeraden [Gl. (5)] mit der Gleichgewichtsgeraden der Wärmedehnung [Gl. (15)] bestimmt:

$$t_e = \frac{1}{\varphi + 1}\, t_i + \frac{\varphi}{\varphi + 1}\, t_0 \,, \tag{5}$$

$$t_e = \frac{1}{\varphi_0 + 1}\, t_i + \frac{\varphi_0}{\varphi_0 + 1}\, t_a \,. \tag{15}$$

Der Schnittpunkt der beiden Geraden ergibt sich durch Gleichsetzung der beiden rechten Seiten der Gleichungen und durch Auflösung nach t_i. Nachdem t_i gefunden ist, bestimmt man durch Einsetzen von t_i in eine der Gleichungen die Temperatur t_e. Man findet folgende Werte:

$$t_i = \frac{\varphi_0\,(\varphi + 1)\,t_a - \varphi\,(\varphi_0 + 1)\,t_0}{\varphi_0 - \varphi}$$

$$t_e = \frac{\varphi_0\,t_a - \varphi\,t_0}{\varphi_0 - \varphi}\,.$$

Durch Einsetzen der gegebenen Werte erhält man:

$$t_i = 117^\circ\,\text{C}\,,$$

$$t_e = 77^\circ\,\text{C}\,.$$

8. Aufgabe. Wie groß muß die Mauerwandstärke d_m für ein auszumauerndes Gefäß ausgeführt werden, wenn a) ohne isolierende Schutzschicht unmittelbar auf den Eisenmantel gemauert wird, wenn b) zwischen Eisenmantel und Mauerwerk eine 3 mm starke „Oppanol"-Schicht gelegt wird[1]? Gegeben sind folgende Werte:

$$m = 4\,, \qquad\qquad \lambda_i = 0{,}2 \text{ kcal/m h }^\circ\text{C}\,,$$
$$\alpha_e = 1{,}2 \cdot 10^{-5} \text{ Grad}^{-1}\,, \qquad \delta_i = 0{,}003 \text{ m}\,,$$
$$\alpha_m = 0{,}6 \cdot 10^{-5} \text{ Grad}^{-1}\,, \qquad \alpha_l = 10 \text{ kcal/m}^2 \text{ h }^\circ\text{C}\,.$$
$$\lambda_m = 1{,}5 \text{ kcal/m h }^\circ\text{C}\,,$$

Lösung: Nach Einsetzen der obigen Werte in Gl. (17 b) erhält man für den ersten Fall ohne isolierende Schutzschicht:

$$d_m = \frac{\lambda_m}{\alpha_l} \cdot \frac{2\,(m - 1)\,(\alpha_e - \alpha_m)}{(2\,m - 1)\,\alpha_m} = \frac{1{,}5}{10} \cdot \frac{2 \cdot 3 \cdot (1{,}2 - 0{,}6) \cdot 10^{-5}}{7 \cdot 0{,}6 \cdot 10^{-5}} = \frac{1{,}5}{10} \cdot \frac{6}{7}\,,$$

$$d_m = 0{,}128 \text{ m} \sim 130 \text{ mm}\,.$$

Für den zweiten Fall mit Oppanol-Schutzschicht findet man nach Gl. (17 a):

$$d_m = \frac{\lambda_m}{\alpha_l} \cdot \frac{2\,(m - 1)\,(\alpha_e - \alpha_m)}{(2\,m - 1)\,\alpha_m} - \frac{\lambda_m}{\lambda_i} \cdot \delta_i = \frac{1{,}5}{10} \cdot \frac{2 \cdot 3 (1{,}2 - 0{,}6) \cdot 10^{-5}}{7 \cdot 0{,}6 \cdot 10^{-5}} - \frac{1{,}5}{0{,}2} \cdot 0{,}003\,,$$

$$d_m = 0{,}128 - 0{,}023 = 0{,}105 \text{ m} \sim 100 \text{ mm}\,.$$

9. Aufgabe. Welches ist der Grund dafür, daß die Mauerwandstärke d_m unabhängig von den absoluten Größen der Temperaturen t_i, t_e, t_a und t_0 ist?

Lösung: Gl. (17), die Formel zur Berechnung der Mauerwandstärke d_m, wurde aus dem Vergleich der NUSSELTschen Wärmekenngröße φ mit der Kenngröße der

---

[1] „Oppanol" ist eingetragenes Warenzeichen der Badischen Anilin- u. Sodafabrik, Ludwigshafen.

relativen Wärmedehnung φ_0 gefunden. Beide dimensionslosen Kenngrößen stellen das Verhältnis von Temperaturunterschieden dar; nämlich:

die NUSSELTsche Kenngröße nach Gl. (5): $\varphi = \dfrac{t_i - t_e}{t_e - t_0}$,

die Kenngröße der relativen Wärmedehnung nach Gl. (15): $\varphi_0 = \dfrac{t_i - t_e}{t_e - t_a}$.

Ist die Ausmauerungstemperatur t_a auch noch gleich der Umgebungstemperatur t_0, so sind alle Temperaturgrößen in beiden Verhältnissen die gleichen. Diese Temperaturdifferenzen verhalten sich nun zueinander bei der NUSSELTschen Kenngröße φ wie die zu den Temperaturunterschieden gehörigen Wärmewiderstände. Bei der Kenngröße der relativen Wärmedehnung φ_0 verhalten sich die Temperaturunterschiede wie die durch diese hervorgerufenen Wärmedehnungen. Durch die Gleichsetzung von φ und φ_0 wird zum Ausdruck gebracht, daß das Verhältnis der Wärmewiderstände gleich dem Verhältnis der Wärmedehnungen ist, weil das Verhältnis der treibenden Temperaturunterschiede in beiden Kenngrößen das gleiche ist. Man erkennt hieraus, daß in der Tat auch deshalb die aus der NUSSELTschen Kenngröße hervorgegangene Mauerwandstärke d_m nur von dem Verhältnis der Temperaturunterschiede abhängig sein kann und nicht von den absoluten Größen der Temperaturen.

II. Die Berechnung der Spannungen und die Eisenwandstärke.

Die bisherigen Betrachtungen über Wärmedurchgangswiderstände und Wärmedehnungen führten schließlich zu dem vereinten Wärmedurchgangs- und Wärmedehnungsproblem, das die Berechnung der Ausmauerungsstärke d_m gestattete. Über die von dem Eisen und dem Mauerwerk aufzunehmenden Spannungen war im allgemeinen noch nicht die Rede. Es wurde allerdings darauf hingewiesen, daß naturgemäß wegen der verschiedenen Wärmedehnungen von Eisen und Mauerwerk zur Aufrechterhaltung des Zusammenhanges des Verbandes Stein $+$ Kitt $+$ Eisen bei der Herstellung der Ausmauerung mit Hilfe eines quellenden Kittes dem Mauerwerk eine Druckvorspannung und dem Eisen eine Zugvorspannung gegeben werden muß. Die Größe dieser Spannungen trat bei der Aufstellung des Wärmedurchgangs- und Wärmedehnungsdiagrammes mit φ und φ_0 als Parametern und bei der Berechnung der Mauerwandstärke d_m noch nicht in Erscheinung. Bei der allgemeinen Berechnung der Spannungen im Eisenmantel und im Mauerwerk aber steht die Quellgröße q nunmehr im Vordergrund.

1. Berechnung der Vorspannung.

Die erforderliche Größe der Vorspannung im Eisenmantel richtet sich nach der im Mauerwerk zu erzeugenden Ausgleichsdruckspannung. Diese muß mindestens so groß sein, daß sie die durch Temperaturunterschied und inneren Überdruck sonst auftretende Zugspannung im Mauerwerk gerade aufhebt. Wenn auch das Mauerwerk in der Lage wäre, eine geringe Zugspannung aufzunehmen, so soll doch in folgendem nicht damit gerechnet werden. Die durch den Temperaturunterschied $(t_m - t_e)$ sich ergebende Zugspannung im äußeren Mauerwerkszylinder ist nach FÖPPL [3]:

$$\sigma_{m_1} = \frac{m}{m-1} \cdot E_m \, \alpha_m \, (t_m - t_e) \, . \tag{18}$$

Hierin bedeuten:

σ_{m_1} = Zugspannung im Mauerwerk in kg/cm².
m = das Verhältnis der Längsdehnung zur Querdehnung.
E_m = Elastizitätsmodul des Mauerwerkes in kg/cm².
α_m = lineare Wärmedehnung des Mauerwerkes in Grad^{-1}.
t_m = $(t_i + t_e) : 2$ = mittlere Mauerwerkstemperatur in $^\circ$ C.
t_e = Temperatur des Eisenmantels in $^\circ$ C.

Für $t_i > t_e$ ist σ_{m_1} im äußeren Mauerwerkszylinder eine Zugspannung, im inneren eine Druckspannung.

Die durch den inneren Überdruck p sowohl im äußeren als auch im inneren Zylinder sich ergebende Zugspannung ist:

$$\sigma'_{m_2} = \frac{r \, p}{d_m} \, .$$

Hierin bedeuten:

d_m = Mauerwerkstärke in cm.
r = Halbmesser des äußeren Zylinders in cm.
p = inneren Überdruck in kg/cm².

Da der Mauerwerkszylinder durch den Eisenmantel gehindert wird, kann er nur dieselbe Dehnung ε_{e_p} wie der Eisenmantel erfahren, so daß $\varepsilon_{m_p} = \varepsilon_{e_p}$ ist. Er kann deshalb auch nur eine dieser relativen Dehnung entsprechende Zugspannung erleiden:

$$\sigma_{m_2} = \varepsilon_{m_p} \, E_m = \varepsilon_{e_p} \, E_m = \frac{\sigma_e}{E_e} \cdot E_m$$

oder, da

$$\sigma_e = r \, p / d_e \text{ ist:}$$

$$\sigma_{m_2} = \frac{r \, p}{d_e} \cdot \frac{E_m}{E_e} \, , \tag{19}$$

d_e bedeutet hierin die Eisenwandstärke in cm und E_e den Elastizitätsmodul des Eisens in kg/cm².

Die aus den Spannungen σ_{m_1} und σ_{m_2} folgenden relativen Dehnungen sind:

$$\varepsilon_{m_1} = \frac{\sigma_{m_1}}{E_m} = \frac{m}{m-1} \, \alpha_m \, (t_m - t_e) \, , \tag{20}$$

$$\varepsilon_{m_2} = \frac{\sigma_{m_2}}{E_m} = \frac{r \, p}{d_e \, E_e} \, . \tag{21}$$

Dabei wird freilich angenommen, daß auch für das Mauerwerk das Hookesche Gesetz gilt. Die Gesamtdehnung durch Temperaturdifferenz und inneren Überdruck in der äußersten Mauerwerksfaser ist somit:

$$\varepsilon = \frac{m}{m-1} \, \alpha_m \, (t_m - t_e) + \frac{r \, p}{d_e \, E_e} \, . \tag{22}$$

Diese Zugdehnung ε muß nun aufgehoben werden durch die Druckstauchung, herrührend von der Vorspannung. Es muß also $\varepsilon_{m_v} \geqq \varepsilon$ sein oder:

$$\varepsilon_{m_v} \geqq \frac{m}{m-1}\,\alpha_m\,(t_m - t_e) + \frac{r\,p}{d_e\,E_e}\,. \tag{23}$$

Ferner ist aber, wenn p_v den Vorspanndruck bezeichnet,

$$\text{im Mauerwerk:}\quad \varepsilon_{m_v} = \frac{r\,p_v}{d_m\,E_m}\,,$$

$$\text{im Eisen:}\quad \varepsilon_{e_v} = \frac{r\,p_v}{d_e\,E_e}\,.$$

Durch Division dieser beiden Gleichungen findet man:

$$\varepsilon_{m_v} = \varepsilon_{e_v}\,\frac{d_e\,E_e}{d_m\,E_m}\,. \tag{24}$$

Nun war aber nach Gl. (7) die Größe der Quellung gegeben durch:

$$q \geqq \varepsilon_{m_v} + \varepsilon_{e_v}\,. \tag{7}$$

Setzt man in Gl. (7) für ε_{e_v} den Wert $\varepsilon_{e_v} = \varepsilon_{m_v}\,\dfrac{d_m\,E_m}{d_e\,E_e}$ ein, so wird:

$$q \geqq \varepsilon_{m_v}\left(1 + \frac{d_m\,E_m}{d_e\,E_e}\right). \tag{25}$$

Führt man in diese Gleichung den Wert von ε_{m_v} der Gl. (23) ein, so erhält man:

$$q \geqq \left(1 + \frac{d_m\,E_m}{d_e\,E_e}\right) \cdot \left[\frac{m}{m-1} \cdot \alpha_m\,(t_m - t_e) + \frac{r\,p}{d_e\,E_e}\right].$$

Statt t_m setzt man noch:

$$t_m = \frac{t_i + t_e}{2}$$

und findet:

$$q \geqq \left(1 + \frac{d_m\,E_m}{d_e\,E_e}\right) \cdot \left(\frac{m}{m-1} \cdot \alpha_m\,\frac{t_i - t_e}{2} + \frac{r\,p}{d_e\,E_e}\right). \tag{26}$$

Die Vorspannung σ_{e_v} im Eisen ist nach dem HOOKEschen Gesetz:

$$\sigma_{e_v} = \varepsilon_{e_v} \cdot E_e\,. \tag{27}$$

Nach Gl. (24) ist:

$$\varepsilon_{e_v} = \frac{d_m\,E_m}{d_e\,E_e} \cdot \varepsilon_{m_v}\,. \tag{28}$$

Nach Gl. (25) ist aber:

$$\varepsilon_{m_v} = \frac{q}{1 + \dfrac{d_m\,E_m}{d_e\,E_e}}\,.$$

Also

$$\varepsilon_{m_v} = \frac{q}{1 + \dfrac{d_m\,E_m}{d_e\,E_e}} \cdot \frac{d_m\,E_m}{d_e\,E_e}\,. \tag{29}$$

Nach Gl. (26) ist aber:

$$\frac{q}{1 + \dfrac{d_m\,E_m}{d_e\,E_e}} = \frac{m}{m-1} \cdot \alpha_m \, \frac{t_i - t_e}{2} + \frac{r\,p}{d_e\,E_e} \,.$$

Hiermit folgt dann für Gl. (28):

$$\varepsilon_{e_v} = \frac{d_m\,E_m}{d_e\,E_e} \cdot \left(\frac{m}{m-1} \cdot \alpha_m \, \frac{t_i - t_e}{2} + \frac{r\,p}{d_e\,E_e} \right) . \tag{30}$$

Nach Gl. (27) wird hiermit die Vorspannung im Eisen:

$$\sigma_{e_v} = \frac{d_m\,E_m}{d_e\,E_e} \cdot \left(\frac{m}{m-1} \cdot \alpha_m \cdot \frac{t_i - t_e}{2} + \frac{r\,p}{d_e\,E_e} \right) \cdot E_e \,. \tag{31}$$

Für gegebene Werte p, r, d_e, E_e, t_i und m wächst σ_{e_v} proportional mit E_m und d_m. Aus diesem Grunde wäre ein kleiner Elastizitätsmodul E_m des Mauerwerkes und eine kleine Ausmauerungsstärke d_m erwünscht.

Aus Gl. (27) und Gl. (29) findet man auch noch:

$$\sigma_{e_v} = \frac{q \cdot E_e}{1 + \dfrac{d_m\,E_m}{d_e\,E_e}} \cdot \frac{d_m\,E_m}{d_e\,E_e} \,,$$

oder auch nach leichter Umgestaltung:

$$\sigma_{e_v} = \frac{q \cdot E_e}{\left(1 + \dfrac{d_e\,E_e}{d_m\,E_m} \right)} \,. \tag{32}$$

Für spätere Zwecke ist es vorteilhaft, in Gl. (26) statt der Eisentemperatur t_e lieber die Ausmauerungstemperatur t_a einzuführen. Nach Gl. (15) ist:

$$t_e = \frac{1}{\varphi_0 + 1} \cdot t_i + \frac{\varphi_0}{\varphi_0 + 1} \cdot t_a \,.$$

Hiermit wird:

$$t_i - t_e = \frac{\varphi_0}{\varphi_0 + 1} \, (t_i - t_a),$$

Gl. (26) lautet hiermit:

$$q \geqq \left(1 + \frac{d_m\,E_m}{d_e\,E_e} \right) \cdot \left[\frac{m \cdot \alpha_m}{2\,(m-1)} \cdot \frac{\varphi_0}{(\varphi_0 + 1)} \cdot (t_i - t_a) + \frac{r\,p}{d_e\,E_e} \right] . \tag{33}$$

Gl. (33) kann dazu benutzt werden, um zu gegebenen Werten r, E_m, E_e, m, α_m, φ_0 $(t_i - t_a)$, q die Eisenwandstärke d_e in Abhängigkeit von der gefundenen Mauerwandstärke d_m aufzutragen.

2. Berechnung der Spannung durch Innendruck p allein.

Die Spannung durch Innendruck p allein ergibt sich in bekannter Weise zu:

$$\sigma_{e_p} = \frac{r\,p}{d_e} \,. \tag{34}$$

3. Zusatzspannung durch Wintertemperatur $t_x < t_a$.

Im Winter bei der tieferen Temperatur $t_w < t_a$ wandert der Punkt P_0 in Abb. 6 nach abwärts in das Gebiet der Anpressungszone. Dadurch erfährt das Mauerwerk eine Zusatzdruckspannung und das Eisen eine Zusatzzugspannung. Es ist demnach so, als ob die Quellgröße q im Winter vergrößert wäre und sich die Quellspannung erhöhen würde. Bei der Abkühlung ziehen sich der Eisenmantel

$$\text{um } q_e = \alpha_e(t_a - t_w)$$

und das Mauerwerk

$$\text{um } q_m = \alpha_m(t_a - t_w)$$

zusammen. Der Gesamtbetrag der Zusatzquellung ist folglich:

$$\Delta q = q_e - q_m = (\alpha_e - \alpha_m)\,(t_a - t_w)\,.$$

Die Zusatzspannung erhält man, indem man in Gl. (32) statt q die soeben berechnete Zusatzquellung Δq einsetzt. Die durch die Temperaturwirkung erzielte Zusatzzugspannung $(\sigma_{e_z})_t$ im Eisen wird somit:

$$(\sigma_{e_z})_t = \frac{E_e(\alpha_e - \alpha_m)}{\left(1 + \dfrac{d_e\,E_e}{d_m\,E_m}\right)} \cdot (t_a - t_w)\,. \tag{35}$$

4. Zusatzspannung durch eine stärkere als dem Gleichgewicht entsprechende Mauerwandstärke.

Wie bereits oben erwähnt, erhält das Mauerwerk eine Zusatzdruckspannung und der Eisenmantel eine Zusatzzugspannung, wenn die Eisenwandtemperatur t_e kleiner als die Gleichgewichtstemperatur auf der Dehnungsgeraden ist. In eine Formel gekleidet, lautet diese Bedingung:

$$\alpha_e(t_e - t_a) < (t_m - t_a)\,\alpha_m + \frac{m}{m-1}\cdot \alpha_m(t_m - t_e)\,. \tag{36}$$

Diesen Überschuß der Mauerwerksdehnung über die Eisenmanteldehnung kann man nun auch als eine Zusatzquellung Δq auffassen und Gl. (36) anschreiben als:

$$(t_m - t_a)\cdot \alpha_m + \frac{m}{m-1}\,\alpha_m(t_m - t_e) - (t_e - t_a)\,\alpha_e = \Delta q > 0\,. \tag{37}$$

Die auf diese Weise erzielte Zusatzquellung hat nach Gl. (32) die Zusatzzugspannung $(\sigma_{e_z})_\varphi$ im Eisenmantel zur Folge:

$$(\sigma_{e_z})_\varphi = \frac{\Delta q \cdot E_e}{\left(1 + \dfrac{d_e\,E_e}{d_m\,E_m}\right)}\,,$$

oder:

$$\Delta q = \frac{(\sigma_{e_z})_\varphi}{E_e}\left(1 + \frac{d_e\,E_e}{d_m\,E_m}\right)\,.$$

Gl. (37) lautet alsdann:

$$(t_m - t_a)\,\alpha_m + \frac{m}{m-1}\,\alpha_m(t_m - t_e) - (t_e - t_a)\,\alpha_e = \frac{(\sigma_{e_z})\varphi}{E_e}\left(1 + \frac{d_e\,E_e}{d_m\,E_m}\right).$$

Setzt man hierin für $t_m = \tfrac{1}{2}\,(t_i + t_e)$ ein und formt die Gleichung um, so erhält man:

$$\frac{(2\,m-1)\,\alpha_m\,t_i + 2(m-1)\,(\alpha_e - \alpha_m)\,t_a}{2\,(m-1)\,\alpha_e + \alpha_m} - t_e = \frac{2(m-1)\,\dfrac{(\sigma_{e_z})\varphi}{E_e}\cdot\left(1 + \dfrac{d_e\,E_e}{d_m\,E_m}\right)}{2(m-1)\,\alpha_e + \alpha_m}. \quad (38)$$

Nun ist aber gemäß Gl. (12) die Gleichgewichtstemperatur, die nun mit t_{e_g} bezeichnet werden soll,

$$t_{e_g} = \frac{(2\,m-1)\,\alpha_m\,t_i + 2\,(m-1)\,(\alpha_e - \alpha_m)\,t_a}{2\,(m-1)\,\alpha_e + \alpha_m}.$$

Bezeichnet man noch die infolge der dickeren Mauerwandstärke wirklich auftretende niedrigere Temperatur t_e des Eisenmantels mit t_{e_w}, so kann Gl. (38) auch geschrieben werden:

$$\Delta t_e = t_{e_g} - t_{e_w} = \frac{2\,(m-1)}{2\,(m-1)\,\alpha_e + \alpha_m}\cdot\left(1 + \frac{d_e\,E_e}{d_m\,E_m}\right)\cdot\frac{(\sigma_{e_z})\varphi}{E_e}. \quad (39)$$

Aus Gl. (5) mit φ für t_{e_w} und Gl. (15) mit φ_0 für t_{e_g} findet man:

$$t_{e_g} - t_{e_w} = \frac{(\varphi - \varphi_0)}{(\varphi_0 + 1)\,(\varphi + 1)}\cdot(t_i - t_a)\,.$$

Setzt man diesen Wert in Gl. (39) ein und löst nach $(\sigma_{e_z})\varphi$ auf, so erhält man:

$$(\sigma_{e_z})\varphi = \frac{\left[\alpha_e + \dfrac{\alpha_m}{2\,(m-1)}\right]\cdot E_e}{\left(1 + \dfrac{d_e\,E_e}{d_m\,E_m}\right)}\cdot\frac{(\varphi - \varphi_0)}{(\varphi + 1)\,(\varphi_0 + 1)}\cdot(t_i - t_a)\,. \quad (40)$$

5. Spannungen im Mauerwerk.

a) Vorspannung.

Im Mauerwerk treten *ohne* den von außen wirkenden Vorspanndruck p_v folgende Tangentialspannungen auf:

am *äußeren* Zylindermantel

infolge Temperaturunterschied:

$$\sigma_{m1} = \frac{m}{m-1}\cdot E_m\,\alpha_m\,\frac{t_i - t_e}{2} \quad \text{(Zug)}\,,$$

infolge inneren Überdruckes p:

$$\sigma'_{m2} = \frac{r\,p}{d_m} \quad \text{(Zug)}\,.$$

Insgesamt ist eine Zugspannung vorhanden von:

$$(\sigma_{m_r})_a = \sigma_{m1} + \sigma'_{m2}\,;$$

am *inneren* Zylindermantel

infolge Temperaturunterschied:

$$\sigma_{m1} = -\frac{m}{m-1} \cdot E_m \, \alpha_m \frac{t_i - t_e}{2} \quad \text{(Druck)} ,$$

infolge inneren Überdruckes:

$$\sigma'_{m2} = \frac{r\,p}{d_m} \quad \text{(Zug)}.$$

Insgesamt ist eine resultierende Spannung vorhanden von:

$$(\sigma_{m_r})_i = -\sigma_{m1} + \sigma'_{m2} .$$

Durch den Vorspanndruck p_v wird nun die im Außenzylindermantel wirkende Zugspannung $(\sigma_{m_r})_a$ ganz aufgehoben. Es wird also auf den Mauerwerks-Hohlzylinder außen wie innen eine Druckvorspannung $(\sigma_{m_r})_a$ aufgelegt. Deshalb muß im Endergebnis im äußeren Zylindermantel gelten:

$$\sigma_m = (\sigma_{m_r})_a - (\sigma_{m_r})_a = 0 ,$$

und im inneren Zylindermantel:

$$\sigma_{m_v} = (\sigma_{m_r})_i - (\sigma_{m_r})_a = -\sigma_{m1} + \sigma'_{m2} - \sigma_{m1} - \sigma'_{m2} = -2\,\sigma_{m1} .$$

Die im Mauerwerk auftretende größte Druckvorspannung σ_{m_v} tritt innen auf und ist, unabhängig vom Innendruck p:

$$\sigma_{m_v} = \frac{m}{m-1} E_m \, \alpha_m \, (t_i - t_e) .$$

Beachtet man noch, daß

$$t_i - t_e = \frac{2\,(m-1)\,(\alpha_e - \alpha_m)}{2\,(m-1)\cdot\alpha_e + \alpha_m}\,(t_i - t_a)$$

ist, so wird schließlich:

$$\sigma_{m_v} = \frac{2\,m\,E_m\,\alpha_m(\alpha_e - \alpha_m)\,(t_i - t_a)}{2\,(m-1)\,\alpha_e + \alpha_m} . \tag{41}$$

b) Zusatzspannungen durch Wintertemperatur und zu dicke Ausmauerung.

Die Zusatzspannungen im Mauerwerk σ_{m_z} können aus der Dehnung berechnet werden zu $\sigma_{m_z} = \varepsilon_{m_z} E_m$. Da nun nach Gl. (24) auch: $\varepsilon_{mz} = \varepsilon_{e_z} d_e E_e / d_m E_m$ und ferner $\varepsilon_{e_z} = \sigma_{e_z}/E_e$ ist, so wird:

$$\sigma_{m_z} = \frac{\sigma_{e_z}}{E_e} \cdot \frac{d_e\,E_e}{d_m\,E_m} \cdot E_m = \sigma_{e_z} \frac{d_e}{d_m} .$$

Somit erhält man die Mauerwerkszusatzspannungen infolge Temperatureinwirkung:

$$(\sigma_{m_z})_t = \frac{d_e}{d_m}\,(\sigma_{e_z})_t \tag{42}$$

und infolge Verstärkungswirkung der Ausmauerung:

$$(\sigma_{m_z})_\varphi = \frac{d_e}{d_m}\,(\sigma_{e_z})_\varphi.\tag{43}$$

6. Abhängigkeit der Eisenwandstärke d_e von der Mauerwandstärke d_m (Gleichgewichtszustand).

Häufig sind im praktischen Betrieb von einem auszumauernden Gefäß dessen Durchmesser, die Innen- und Ausmauerungstemperaturen, der Innendruck und die Stoffwerte von Mauerwerk und Eisen gegeben. Die Gleichgewichtsmauerstärke d_m ist berechnet worden. Es wird nun gefragt nach der richtigen Eisenmantelwandstärke d_e für verschiedene Innendrücke bei einer ganz bestimmten Quellgröße q. Hierzu kann Gl. (33) benutzt werden. Zur Vereinfachung der folgenden analytischen und zeichnerischen Darstellung sollen zunächst einige Abkürzungen eingeführt werden:

$$\left.\begin{aligned}
b &= \frac{m\,\alpha_m}{2\,(m-1)} \cdot \frac{\varphi_0}{(\varphi_0 + 1)} \cdot (t_i - t_a)\\[2mm]
c &= \frac{r\,p}{E_e}\\[2mm]
n &= \frac{E_m}{E_e}\\[2mm]
y &= d_e\,;\qquad x = d_m
\end{aligned}\right\}\tag{44}$$

Gl. (33) geht mit diesen Abkürzungen über in:

$$y^2(q - b) - y\,(c + n\,b\,x) - n\,c\,x = 0\,.\tag{45}$$

Die Auflösung dieser quadratischen Gleichung in y liefert:

$$y = \frac{(n\,b\,x + c) + \sqrt{(n\,b\,x - c)^2 + 4\,n\,c\,x\,q}}{2\,(q - b)}\tag{46}$$

Aus den gegebenen Werten b, c, n und aus der vorher berechneten Mauerwandstärke $x = d_m$ kann man mit Hilfe von Gl. (46) die Eisenwandstärke $y = d_e$ berechnen. Man erkennt aus Gl. (46) sogleich, daß die Quellgröße q größer als b sein muß, weil sonst $y = d_e = \infty$ wird. Die Größe b ist aber, wie aus Gl. (23) hervorgeht, nichts anderes als die durch den Temperaturunterschied $(t_i - t_a)$ hervorgerufene Streckung ε_{m_v} des Mauerwerkes. Ist kein Innendruck im Gefäß, so wird mit $p = 0$ auch $c = 0$. Gl. (46) geht über in

$$y = \frac{n\,b\,x}{q - b}\,.\tag{47}$$

Die Eisenwandstärke $y = d_e$ ist proportional der Mauerwandstärke $x = d_m$. Man kann nun auch Gl. (45) in einem Diagramm mit $y = d_e$ als Ordinate und $x = d_m$ als Abszisse auftragen. Für einen konstanten Wert c, also auch für einen konstanten Innendruck p, erhält man dann eine Hyperbel.

Zur Feststellung einiger wichtiger Beziehungen bei der Ausmauerung von stäblernen Druckgefäßen und zur Entwicklung einer einfachen Kurvenkonstruktion muß man zunächst einige hervortretende Eigenschaften dieser Hyperbel kennen lernen:

Aus Gl. (45) folgt für $x = 0$:

$$y\,[y(q - b) - c] = 0$$

das heißt: Die Hyperbel geht durch den Koordinatenursprung ($x = 0$, $y = 0$) und schneidet die y-Achse ein zweites Mal in

$$y = \frac{c}{q - b}. \tag{48}$$

Bildet man die Tangente an die Kurve, so erhält man:

$$\frac{dy}{dx} = \frac{n(by + c)}{2\,y(q - b) - c - n\,b\,x}.$$

Für $x = 0$ erhält man:

$$\left(\frac{dy}{dx}\right)_{x=0} = \frac{n(by + c)}{2y\,(q - b) - c}.$$

Für den 0-Punkt mit $y = 0$ findet man:

$$\left(\frac{dy}{dx}\right)_{\substack{x=0 \\ y=0}} = \frac{n\,c}{-c} = -\,n. \tag{49}$$

Für $y = c/(q - b)$ auf der y-Achse wird:

$$\left(\frac{dy}{dx}\right)_{x=0} = \frac{\dfrac{n\,b\,c}{q - b} + nc}{2c - c} = \frac{n\,q}{q - b}. \tag{50}$$

Gl. (49) besagt, daß die Tangenten an alle Hyperbeln im Koordinatenursprung, gleichgültig für welchen Innendruck p sie auch gelten mögen, die gleiche Neigung $-\,n = -\,E_m/E_e$ besitzen. Gl. (50) besagt, daß alle Hyperbeln in ihrem Schnittpunkt mit der Ordinatenachse die gleiche Neigung $nq/(q - b)$ besitzen, unabhängig von c und somit p.

Stellt man noch für die beiden Asymptoten die Gleichungen auf, was hier, um nicht zu weitläufig zu werden, nur im Schlußergebnis mitgeteilt werden soll, so findet man:

$$\text{für die eine Asymptote: } y = -\frac{c}{b}, \tag{51}$$

$$\text{für die andere Asymptote: } y = \frac{b\,n}{q - b} \cdot x + \frac{c\,q}{b(q - b)}. \tag{52}$$

Aus den Gln. (51) und (52) ersieht man, daß die eine Asymptote eine Parallele im Abstand $-c/b$ zur x-Achse darstellt, während die andere Asymptote unter $\operatorname{tg}\alpha = bn/(q - b)$ gegen die x-Achse geneigt ist und die y-Achse im Abstand $cq/b\,(q - b)$ oberhalb des Nullpunktes schneidet. Die Neigungen der Asymptoten gegeneinander haben also unabhängig vom Innendruck p stets die gleiche Größe $bn/(q-b)$. Diese Neigung ist dieselbe wie die Neigung der durch Gl. (47) gegebenen geraden Linie bei $p=0$. Für diesen Sonderfall geht nämlich die eine Asymptote in die x-Achse über, während die andere die durch Gl. (47) dargestellte Gerade wird. Der Hyperbelzweig entartet in diese beiden Geraden.

Auf Grund der soeben erörterten Eigenschaften der Hyperbeln ist es nun leicht, ein ganz einfaches Verfahren zu ihrer Konstruktion zu entwickeln: Zur Konstruktion eines Kegelschnittes müssen 5 Punkte gegeben sein. An Hand von Abb. 7 soll die Lage der fünf Bestimmungsstücke besprochen werden. Gegeben sind:

$00 =$ Doppelpunkt als Tangente mit ihrem Berührungspunkt. Die durch 0 gehende Tangente für alle Hyperbeln hat die Neigung tg $\beta = -n = -E_m/E_e$.

$F_\infty F_\infty =$ horizontale Asymptote der Hyperbel.
Diese ist gleichwertig dem Doppelberührungspunkt im Unendlichen.

Ferner ist noch gegeben der Schnittpunkt A der Hyperbel mit der y-Achse. Er hat nach Gl. (48) den Abstand $c/(q-b)$ vom Koordinatenursprung.

Mit Hilfe der Lehre vom PASCALschen Sechseck kann man nun aus den gegebenen Punkten A, F_∞, F_∞, 0, 0 (5 Punkte) leicht einen sechsten Punkt X konstruieren. Man stellt sich hierzu ein Schema auf:

$A\ F_\infty F_\infty\ \big|\ X\ 00$

$A\ F_\infty$	$X\ 0$	U
$F_\infty F_\infty$	00	V
$F_\infty\ X$	$0\ A$	W

$\}\ \mathfrak{p}$.

Das Schema besagt, daß sich in dem Hyperbelsechseck $\dot{A}\,F_\infty\,F_\infty\,X\,00$ je ein Paar Gegenseiten wie z. B. $A F_\infty$ und $X0$ in je einem Punkt (U) schneidet. Die drei Schnittpunkte U, V, W dieser Paare von Gegenseiten liegen auf der Pascalschen Geraden $\mathfrak{p}$.

In Abb. 7 ist dieses Verfahren durchgeführt. Durch den Punkt 0 legt

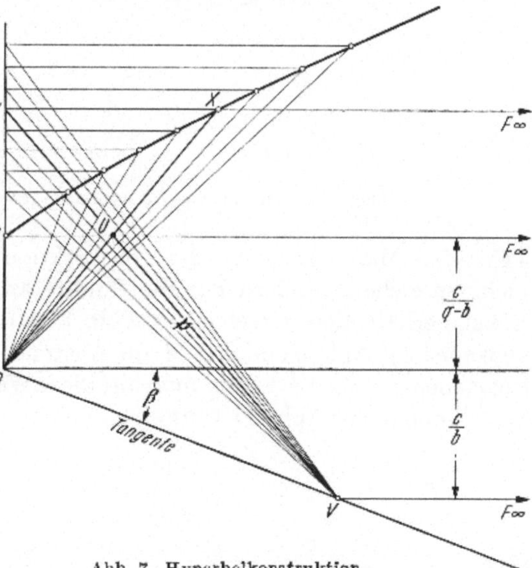

Abb. 7. Hyperbelkonstruktion.

man unter der Neigung tg $\beta = -n = -E_m/E_e$ eine Gerade. Im Abstand $-c/b$ von der X-Achse zieht man eine Parallele zur x-Achse. Der Schnittpunkt dieser mit der schrägen Geraden durch O ist V. Durch V zieht man eine beliebige PASCALsche Gerade. Diese schneidet die Y-Achse in W. Ferner trägt man noch von O aus $OA = c/(q - b)$ ab. Durch den Schnittpunkt W muß die Gerade OA und $F_\infty X$ nach obigem Schema laufen, d. h. X muß auf einer Parallelen durch W zur x-Achse liegen. Zieht man noch durch A eine Parallele zur x-Achse, so zeigt diese nach F_∞, und der Schnittpunkt von VW mit AF_∞ muß U sein. Die Verbindungsgerade OU über U hinaus schneidet WF_∞ in dem gesuchten Hyperbelpunkt X. Nachdem einmal die Tangente OV und der Punkt A festgelegt sind, erfordert diese Konstruktion zum Auffinden eines Punktes der Kurve nur das Ziehen von

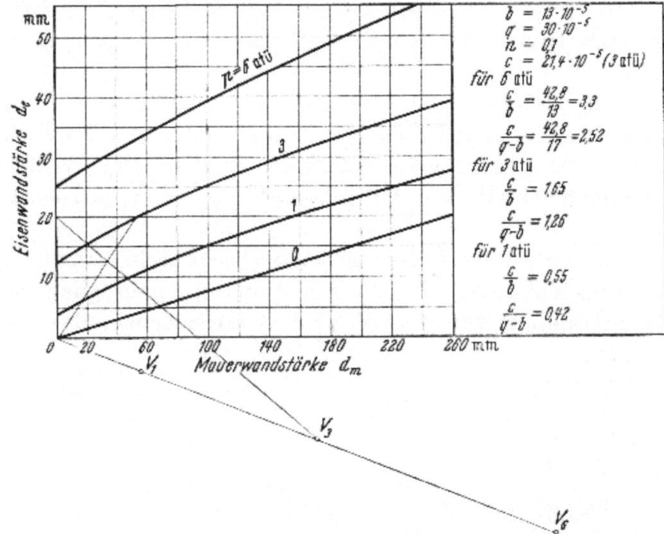

Abb. 8. Konstruktion von 3 Hyperbeln für $p = 0, 1, 3$ und 6 atü..

4 Geraden. Man braucht bei der Konstruktion überdies die Geraden selbst nicht zu ziehen, sondern nur die Punkte anzureißen. Für verschiedene Drücke erhält man verschiedene Pole V auf der Tangente durch O und verschiedene Anfangspunkte A im Abstand $c/(q - b)$ von O. Zu einem gegebenen $y = d_e$-Wert kann man auf diese Weise schnellstens den $x = d_m$-Wert finden. Auf Abb. 8 ist für einen besonderen Fall mit:

$$b = 13 \cdot 10^{-5},$$
$$q = 30 \cdot 10^{-5},$$
$$n = 0,1,$$
$$c = 21,4 \cdot 10^{-5} \text{ bei } 3 \text{ atü},$$
$$c = 42,8 \cdot 10^{-5} \text{ bei } 6 \text{ atü},$$
$$c = 7,1 \cdot 10^{-5} \text{ bei } 1 \text{ atü},$$
$$c = 0 \text{ bei } 0 \text{ atü},$$

die Hyperbelkonstruktion für mehrere Hyperbeln durchgeführt. Auf der durch 0 gehenden Tangente liegen die Pole der Konstruktion, V_1 für 1 atü, V_3 für 3 atü und V_6 für 6 atü.

Von besonderem Interesse für das technische Verständnis der Hyperbelkonstruktion sind noch die Neigungen für die Mauerwandstärke $x = d_m = 0$ und $x = d_m = \infty$. Die Hyperbel hat in ihrem Schnittpunkt mit der y-Achse nach Gl. (40) die Neigung:

$$\operatorname{tg} \alpha_1 = \frac{n\,q}{q - b}.$$

Die Hyperbelasymptote hat gemäß Gl. (52) dieselbe Neigung:

$$\operatorname{tg} \alpha_2 = \frac{n\,b}{q - b},$$

wie die gerade Linie für $p = 0$ nach Gl. (47).

Die Neigung nimmt also mit wachsender Größe der Mauerwandstärke $x = d_m$ ab um:

$$\operatorname{tg} \alpha_1 - \operatorname{tg} \alpha_2 = \frac{n\,q}{q - b} - \frac{n\,b}{q - b} = \frac{n(q - b)}{q - b} = n = \frac{E_m}{E_e}.$$

Man kann leicht den tieferen physikalischen Sinn dieser zunächst formalen mathematischen Feststellung erkennen. Nach Gl. (23) ist nämlich, wie bereits erwähnt, die Größe b nichts anderes als die beim Innendruck $p = 0$ allein durch den Temperaturunterschied $(t_i - t_a)$ hervorgerufene relative Dehnung $(\varepsilon_{m_v})_t$ des Mauerwerkes. Nach Gl. (7) ist ferner für den Innendruck $p = 0$:

$$q - (\varepsilon_{m_v})_t = q - b = (\varepsilon_{e_v})_t,$$

$(\varepsilon_{e_v})_t$ ist die Dehnung des Eisens durch die Vorspannung beim Druck $p = 0$. Hiermit läßt sich nun $\operatorname{tg} \alpha_2$ auch schreiben:

$$\operatorname{tg} \alpha_2 = \frac{n\,b}{q - b} = \frac{E_m \cdot (\varepsilon_{m_v})_t}{E_e \cdot (\varepsilon_{e_v})_t} = \cdot \frac{(\sigma_{m_v})_t}{(\sigma_{e_v})_t}. \tag{53}$$

Die Neigung der geraden Linie für $p = 0$ nach Gl. (47) und die Neigung der Asymptote nach Gl. (52) bedeuten also das Verhältnis der Mauerwerkvorspannung $(\sigma_{m_v})_t$ zur Eisenvorspannung $(\sigma_{e_v})_t$, wenn der Innendruck im Gefäß $p = 0$ ist. Da nach Früherem die Dehnung des Mauerwerkzylinders durch den Druck p allein gleich der Dehnung des Eisenmantels durch den Druck p allein sein muß, so gilt:

$$\varepsilon_{m_p} = \varepsilon_{e_p}.$$

Man kann deshalb auch schreiben:

$$\operatorname{tg} \alpha_1 - \operatorname{tg} \alpha_2 = n = \frac{E_m}{E_e} \cdot \frac{\varepsilon_{m_\mu}}{\varepsilon_{e_p}} = \frac{(\sigma_m)_p}{(\sigma_e)_p}. \tag{54}$$

Hieraus folgt weiter:

$$\operatorname{tg} \alpha_1 = \frac{n\,q}{q - b} = \operatorname{tg} \alpha_2 + n = \frac{(\sigma_{m_v})_t}{(\sigma_{e_v})_t} + \frac{(\sigma_m)_p}{(\sigma_e)_p}.$$

Führt man für die dimensionslosen Größen folgende Bezeichnungen ein:

$$\frac{(\sigma_{m_v})_t}{(\sigma_{e_v})_t} = S_t = \text{Spannungsgröße, durch den Einfluß der Temperatur } t \text{ allein} \tag{55}$$

$$\frac{(\sigma_m)_p}{(\sigma_e)_p} = S_p = \text{Spannungsgröße, durch den Einfluß des Innendrucks } p \text{ allein} \tag{56}$$

so findet man:

$$\left.\begin{aligned} S_t &= \frac{n\,b}{q-b} \\ S_p &= n \\ S_0 &= S_t + S_p = \frac{q\,n}{q-b} \end{aligned}\right\} . \tag{57}$$

Die Spannungsgröße S_0 für $x = d_m = 0$ ist also um den Betrag der Druckspannungsgröße S_p größer als die Temperaturspannungsgröße S_t für $x = d_m = \infty$. Dies ist einleuchtend, da ja für $x = \infty$ und $y = \infty$ ε_{mp} und ε_{ep} zu Null werden und mit diesen Dehnungen auch S_p zu Null wird. Im Unendlichen bleibt nur S_t übrig.

Den Einfluß der Quellungsgröße q erkennt man aus Bild 8 und aus den Gl. (57). Mit größer werdendem q wird $y = d_e$ für $x = d_m = 0$ kleiner, der von den Asymptoten eingeschlossene Winkel α_1 wird kleiner und die Neigung der Hyperbel für $x = 0$ wird ebenfalls geringer. Mit größer werdender Quellung kommt man also mit kleineren Eisenwandstärken aus, aber nach Gl. (32) wird die Vorspannung im Eisen größer. Der Anstieg der Eisenwandstärke mit zunehmender Mauerwandstärke wird geringer.

10. Aufgabe. Wie groß ist die Vorspannung σ_{e_v} im Eisen bei:

$$\begin{aligned} q &= 40 \cdot 10^{-5}, \\ E_e &= 21 \cdot 10^5 \text{ kg/cm}^2, \\ E_m &= 2,1 \cdot 10^5 \text{ kg/cm}^2, \\ d_e &= 20 \text{ mm}, \\ d_m &= 100 \text{ mm}. \end{aligned}$$

Lösung: Nach Gl. (32) ist:

$$\sigma_{e_v} = \frac{q \cdot E_e}{\left(1 + \dfrac{d_e\, E_e}{d_m\, E_m}\right)} = \frac{40 \cdot 10^{-5} \cdot 21 \cdot 10^5}{\left(1 + \dfrac{2 \cdot 21}{10 \cdot 2,1}\right)} = \frac{840}{3}$$

$$\sigma_{e_v} = 280 \text{ kg/cm}^2.$$

11. Aufgabe. Wie groß muß bei gegebenen Eisen- und Mauerwandstärken, gegebenen Temperatur- und Druckverhältnissen die Quellgröße q ausgeführt werden, damit kein Ablösen des Mauerwerks vom Eisen eintritt?

$$\begin{aligned} d_m &= 120 \text{ mm}, & r &= 1500 \text{ mm}, \\ d_e &= 20 \text{ mm}, & \varphi_0 &= 0,86, \\ E_m &= 2,1 \cdot 10^5 \text{ kg/cm}^2, & t_i &= 100^\circ \text{ C}, \\ E_e &= 21 \cdot 10^5 \text{ kg/cm}^2, & t_a &= 30^\circ \text{ C}, \\ m &= 4, & p &= 3 \text{ atü}. \\ \alpha_m &= 0,6 \cdot 10^{-5} \text{ Grad}^{-1}. \end{aligned}$$

Lösung: Nach Gl. (33) wird:

$$q = \left(1 + \frac{12 \cdot 2{,}1}{2 \cdot 21}\right) \cdot \left[\frac{4 \cdot 0{,}6 \cdot 10^{-5}}{2 \cdot 3} \cdot \frac{0{,}86}{1{,}86} \cdot 70 + \frac{150 \cdot 3}{2 \cdot 21 \cdot 10^5}\right]$$

$$q = 1{,}6 \cdot [13 \cdot 10^{-5} + 10{,}7 \cdot 10^{-5}] = 1{,}6 \cdot 23{,}7 \cdot 10^{-5},$$

$$q = 38 \cdot 10^{-5}.$$

12. Aufgabe. Zu einer gegebenen Mauerwandstärke $d_m = 120$ mm ist für ein gegebenes Gefäß, gegebenen Druck und gegebene Temperaturen die Eisenwandstärke d_e auszurechnen. Gegeben sind:

$$\begin{aligned}
r &= 2000 \text{ mm}, & m &= 4, \\
p &= 3 \text{ atü}, & E_m &= 2{,}1 \cdot 10^5 \text{ kg/cm}^2, \\
t_i &= 120° \text{ C}, & E_e &= 21 \cdot 10^5 \text{ kg/cm}^2, \\
t_a &= 30° \text{ C}, & \alpha_m &= 0{,}6 \cdot 10^{-5} \text{ Grad}^{-1}. \\
\varphi_0 &= 0{,}86, & &
\end{aligned}$$

q ist neben d_e zu ermitteln.

Lösung: Zunächst hat man die Größe b aus Gl. (44) zu ermitteln:

$$b = \frac{m\,\alpha_m}{2(m-1)} \cdot \frac{\varphi_0}{\varphi_0 + 1} \cdot (t_i - t_a) = \frac{4 \cdot 0{,}6 \cdot 10^{-5} \cdot 0{,}86 \cdot 90}{2 \cdot 3 \cdot 1{,}86} = 16{,}7 \cdot 10^{-5}.$$

Zunächst ist klar, daß $q > 16{,}7 \cdot 10^{-5}$ gewählt werden muß, damit d_e nicht ∞ wird. Man kennt d_e zunächst noch nicht und nimmt es aushilfsweise mit $d_e = 30$ mm an. Mit diesem Wert wird dann gemäß Gl. (33)

$$q = \left(1 + \frac{12 \cdot 2{,}1}{3 \cdot 21}\right) \cdot \left[16{,}7 \cdot 10^{-5} + \frac{200 \cdot 3}{3 \cdot 21} \cdot 10^{-5}\right],$$

$$q = 1{,}4 \cdot (16{,}7 + 9{,}55) \cdot 10^{-5} = 1{,}4 \cdot 26{,}25 \cdot 10^{-5} = 36{,}8 \cdot 10^{-5}.$$

Die Quellung $q = 36{,}8 \cdot 10^{-5}$ möge nun aus irgendwelchen Herstellungsgründen als zu groß angesehen werden. Es soll $q = 30 \cdot 10^{-5}$ verlangt sein. Es möge hier bemerkt werden, daß Versuche im Gange sind, den Kitt so stark quellend herzustellen, daß für das Mauerwerk bis zu $q = 200 \cdot 10^{-5}$ gerechnet werden kann. Zur genauen Berechnung mit $q = 30 \cdot 10^{-5}$ verwendet man Gl. (46) mit:

$$b = 16{,}7 \cdot 10^{-5},$$

$$c = \frac{200 \cdot 3}{21 \cdot 10^5} = 28{,}6 \cdot 10^{-5},$$

$$n = \frac{2{,}1 \cdot 10^5}{21 \cdot 10^5} = 0{,}1,$$

$$x = d_m = 12 \text{ cm}.$$

$$y = d_e =$$

$$= \frac{(0{,}1 \cdot 16{,}7 \cdot 10^{-5} \cdot 12 + 28{,}6 \cdot 10^{-5}) + \sqrt{(0{,}1 \cdot 16{,}7 \cdot 10^{-5} \cdot 12 - 28{,}6 \cdot 10^{-5})^2 + 4 \cdot 0{,}1 \cdot 28{,}6 \cdot 12 \cdot 30\,(10^{-5})^2}}{2(30 \cdot 10^{-5} - 16{,}7 \cdot 10^{-5})}$$

$$d_e = \frac{48{,}6 \cdot 10^{-5} + \sqrt{(74 + 4120) \cdot (10^{-5})^2}}{2 \cdot 13{,}3 \cdot 10^{-5}} = \frac{48{,}6 + 64{,}6}{26{,}6} = \frac{113{,}2}{26} = 4{,}4 \text{ cm}.$$

$$d_e = 44 \text{ mm}.$$

13. Aufgabe. Wie groß werden im Winter bei einer Außentemperatur $t_w = -10° \text{C}$ die im Eisen und im Mauerwerk auftretenden Zusatzspannungen $(\sigma_{e_z})_t$ und $(\sigma_{m_z})_t$?

Gegeben sind noch:

$$E_e = 21 \cdot 10^5 \text{ kg/cm}^2, \qquad \alpha_e = 1{,}2 \cdot 10^{-5} \text{ grad}^{-1},$$
$$E_m = 2{,}1 \cdot 10^5 \text{ kg/cm}^2, \qquad \alpha_m = 0{,}6 \cdot 10^{-5} \text{ grad}^{-1},$$
$$d_e = 20 \text{ mm}, \qquad\qquad t_a = 30^\circ \text{ C.}$$
$$d_m = 100 \text{ mm},$$

Lösung: Nach Gl. (35) ist die Größe der Zusatzspannung für Eisen gegeben durch:

$$(\sigma_{e_z})_t = \frac{E_e(\alpha_e - \alpha_m)\,(t_a - t_w)}{\left(1 + \dfrac{d_e\,E_e}{d_m\,E_m}\right)}.$$

Setzt man die gegebenen Werte ein, so findet man:

$$(\sigma_{e_z})_t = \frac{21 \cdot 10^5 \cdot 0{,}6 \cdot 10^{-5} \cdot 40}{\left(1 + \dfrac{2 \cdot 21}{10 \cdot 2{,}1}\right)} = \frac{21 \cdot 24}{3} = 186 \text{ kg/cm}^2 .$$

Die Größe der Zusatzspannung im Mauerwerk wird nach Gl. (42):

$$(\sigma_{m_z})_t = \frac{d_e}{d_m}\,(\sigma_{e_z})_t = \frac{2}{10} \cdot 168 = 33{,}6 \text{ kg/cm}^2 .$$

14. Aufgabe. Wie groß werden für folgende Verhältnisse die durch die zu dicke Ausmauerung $(\varphi > \varphi_0)$ im Eisen und im Mauerwerk auftretenden Zusatzspannungen $(\sigma_{e_z})_\varphi$ und $(\sigma_{m_z})_\varphi$, wenn folgende Werte gegeben sind:

$$t_a = 30^\circ \text{ C,} \qquad\qquad \alpha_e = 1{,}2 \cdot 10^{-5} \text{ grad}^{-1},$$
$$t_i = 100^\circ \text{ C,} \qquad\qquad \alpha_m = 0{,}6 \cdot 10^{-5} \text{ grad}^{-1},$$
$$\varphi_0 = 0{,}86, \qquad\qquad \alpha_l = 10 \text{ kcal/m}^2 \text{ h }^\circ\text{C,}$$
$$\varphi = 1{,}2. \qquad\qquad \lambda_m = 1{,}5 \text{ kcal/m h }^\circ\text{C,}$$
$$E_e = 21 \cdot 10^5 \text{ kg/cm}^2, \qquad \lambda_e = 50 \text{ kcal/m h }^\circ\text{C,}$$
$$E_m = 2{,}1 \cdot 10^5 \text{ kg/cm}^2, \qquad m = 4,$$
$$d_e = 20 \text{ mm,} \qquad\qquad \text{keine Schutzschicht.}$$

Lösung: Zunächst muß d_m aus $\varphi = 1{,}20$ bestimmt werden. Da keine Schutzschicht vorhanden ist, so folgt aus Gl. (6):

$$\varphi = \frac{\alpha_l\,d_m}{\lambda_m} + \frac{\alpha_l\,d_e}{\lambda_e}\,,$$

$$1{,}20 = 10 \cdot \frac{d_m}{1{,}5} + 10 \cdot \frac{0{,}02}{50}\,,$$

$$1{,}20 - 0{,}004 = \frac{10}{1{,}5} \cdot d_m = 1{,}19\,,$$

$$d_m = \frac{1{,}19 \cdot 1{,}5}{10} = 0{,}178 \text{ m} = \sim 180 \text{ mm} .$$

Nach Gl. (40) ist die Zusatzspannung im Eisen:

$$(\sigma_{e_z})_\varphi = \frac{\left[\alpha_e + \dfrac{\alpha_m}{(2m - 1)}\right] \cdot E_e}{\left(1 + \dfrac{d_e\,E_e}{d_m\,E_m}\right)} \cdot \frac{(\varphi - \varphi_0)}{(\varphi + 1)\,(\varphi_0 + 1)} \cdot (t_i - t_a)\,.$$

Setzt man die obigen Werte ein, so wird:

$$(\sigma_{e_z})_\varphi = \frac{\left[1,2 \cdot 10^{-5} + \dfrac{0,6 \cdot 10^{-5}}{2 \cdot 3}\right] \cdot 21 \cdot 10^5}{\left(1 + \dfrac{2 \cdot 21}{18 \cdot 2,1}\right)} \cdot \frac{0,34}{2,2 \cdot 1,86} \cdot 70 \,,$$

$$(\sigma_{e_z})_\varphi = \frac{1,3 \cdot 10^5 \cdot 21 \cdot 10^5 \cdot 0,34 \cdot 70}{2,11 \cdot 2,2 \cdot 1,86} = 75,5 \ \text{kg/cm}^2 = \sim 76 \,.$$

Die Zusatzspannung im Mauerwerk wird nach Gl. (43):

$$(\sigma_{m_z})_\varphi = \frac{d_e}{d_m} \cdot (\sigma_{e_z})_\varphi = \frac{20}{180} \cdot 76 = 8,5 \ \text{kg/cm}^2 \,.$$

15. Aufgabe. Welches ist der Grund dafür, daß die oberen Asymptoten der d_e—d_m-Hyperbeln aller Drücke p für gegebene Verhältnisse die gleiche Neigung wie die d_e—d_m-Gerade bei $p = 0$ haben?

Lösung: Die Berührungspunkte der Asymptoten mit den Hyperbelpunkten liegen im Unendlichen. Die Asymptotenpunkte entsprechen den Werten $d_e = \infty$ und $d_m = \infty$. Für eine unendlich dicke Eisenwandstärke d_e sind aber wegen Gl. (21)

$$\varepsilon_{e_p} \quad \text{und} \quad \varepsilon_{m_p} = 0$$

und somit auch nach Gl. (56)

$$S_p = 0 \,.$$

Wenn aber $S_p = 0$ wird, ist nach Gl. (57):

$$S_o = S_t$$

oder die Gesamtspannungsgröße S_0 wird im Unendlichen gleich der Temperaturspannungsgröße S_t, unabhängig vom Druck p. Etwas plausibler ausgedrückt kann man auch sagen, daß bei unendlich dicken Eisen- und Mauerwandstärken der Einfluß des Druckes p verschwindet und nur der Einfluß der Temperaturdifferenz $(t_i—t_a)$ übrig bleibt, so daß die Neigung der Asymptote gleich der Neigung der geraden Linie für p = 0 werden muß.

16. Aufgabe. Konstruiere für den gleichen Druck von 3 atü nach Abb. 8 zwei d_e—d_m-Hyperbeln, die eine für $q = 30 \cdot 10^{-5}$, die andere für $q = 60 \cdot 10^{-5}$. Erkläre die mathematischen Unterschiede technisch. Gegeben sind:

$$b = 13 \cdot 10^{-5} \,,$$
$$n = 0,1 \,,$$
$$c = 21,4 \cdot 10^{-5} \,.$$

Lösung: Man sucht sich zunächst den Pol V_3 auf, dessen Koordinaten sind:

$$y = -1,65 \ \text{cm} = -16,5 \ \text{mm} \,,$$
$$x = 16,5 \ \text{cm} = 165 \ \text{mm} \,.$$

Man konstruiere, wie auf Abb. 8, die Hyperbel für $q = 30 \cdot 10^{-5}$, indem man auf der d_e-Achse von 0 aus den Wert $c/(q—b) = 1,26$ cm abträgt. Die Konstruktion erfolgt im übrigen wie oben beschrieben. Hierauf errechnet man für die $q = 60 \cdot 10^{-5}$-Hyperbel den Wert $c/(q—b) = 21,4/47 = 0,455$. Diese Hyperbel wird nun genau ebenso konstruiert wie die $30 \cdot 10^{-5}$-Hyperbel. Man erkennt zunächst den starken Einfluß der Quellgröße q. Beispielsweise wird bei einer Ausmauerungsstärke von $d_m = 120$ mm die Eisenwandstärke $d_e = 27$ mm bei $q = 30 \cdot 10^{-5}$ und $d_e = 12,5$ mm bei $q = 60 \cdot 10^{-5}$. Man kommt zwar mit geringerer

Wandstärke bei der größeren Quellung aus, aber die im Eisen auftretende Vorspannung σ_{e_v} wird größer. Nach Gl. (32) ist

für $d_e = 27$ mm, $q = 30 \cdot 10^{-5}$:

$$\sigma_{e_v} = \frac{30 \cdot 10^{-5} \cdot 21 \cdot 10^5}{\left(1 + \dfrac{2{,}7 \cdot 21}{12 \cdot 2{,}1}\right)} = \frac{630}{3{,}26} = 193 \ \text{kg/cm}^2 \,,$$

für $d_e = 12{,}5$ mm, $q = 60 \cdot 10^{-5}$:

$$\sigma_{e_v} = \frac{60 \cdot 10^{-5} \cdot 21 \cdot 10^5}{\left(1 + \dfrac{1{,}25 \cdot 21}{12 \cdot 2{,}1}\right)} = \frac{1260}{2{,}04} = 616 \ \text{kg/cm}^2 \,.$$

Durch die doppelte Quellung ist die Vorspannung im Eisen auf das $\dfrac{616}{193} = 3{,}2$fache gestiegen.

Mit zunehmender Ausmauerungsstärke nimmt bei der größeren Quellung die Eisenwandstärke langsamer zu als bei der kleineren Quellung.

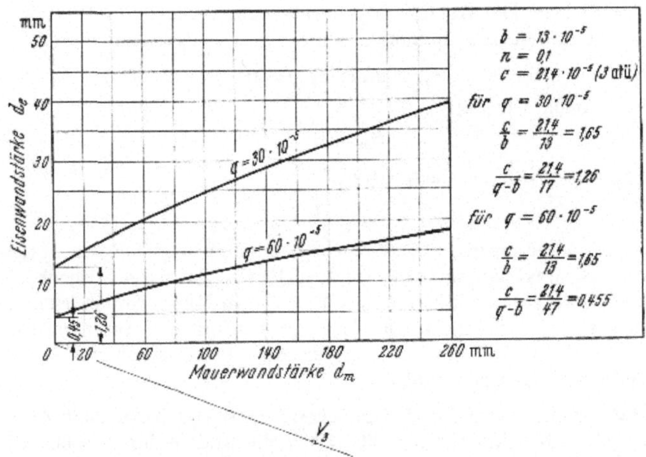

Abb. 9. Konstruktion zweier Hyperbeln mit $q = 30 \cdot 10^{-5}$ und $q = 60 \cdot 10^{-5}$.

Auf Abb. 9 sind die Verhältnisse zeichnerisch dargestellt. Man erkennt aus dem Bilde, daß man für gegebene Verhältnisse sehr schnell mehrere q-Hyperbeln entwerfen kann und sich schnell ein Bild von dem Einfluß der q-Veränderung auf d_e und σ_{e_v} entwerfen kann. Für Planungen neuer ausgemauerter Gefäße wird deshalb Abb. 9 gute Dienste leisten. Praktisch ergibt sich dadurch die Möglichkeit, mit Hilfe einer „dickeren" Ausmauerung einen gegebenen zu geringen q-Wert den Erfordernissen anzugleichen.

7. Die zu dicke Ausmauerung.

(Darstellungspunkte unterhalb der Gleichgewichtsgeraden.)

a) Ableitung der Haupt- und Kurvengleichung.

Wie bereits bei der Besprechung des Gleichgewichtes der Dehnungen erwähnt wurde, erhält das Mauerwerk eine Zusatzdruckspannung und das Eisen eine Zusatzzugspannung, wenn die Eisenwandtemperatur t_e kleiner als die Gleichgewichtstemperatur auf der Dehnungsgeraden ist.

Die Zusatzspannung durch diese zu dicke Ausmauerung beträgt nach Gl. (40):

$$(\sigma_{e_z})_\varphi = \frac{\left[\alpha_e + \dfrac{\alpha_m}{2(m-1)}\right] \cdot E_e}{\left(1 + \dfrac{d_e \, E_e}{d_m \, E_m}\right)} \cdot \frac{(\varphi - \varphi_0)}{(\varphi + 1)\,(\varphi_0 + 1)} \cdot (t_i - t_a) \ . \qquad (40)$$

Addiert man hierzu noch die Vorspannung nach Gl. (32), so wird die gesamte Vorspannung im Eisen:

$$\sigma_{e_v} = \frac{E_e}{\left(1 + \dfrac{d_e \, E_e}{d_m \, E_m}\right)} \cdot \left[\left(\alpha_e + \frac{\alpha_m}{2(m-1)}\right) \cdot \frac{(\varphi - \varphi_0)}{(\varphi_0 + 1)\,(\varphi + 1)} \cdot (t_i - t_a) + q\right] . \qquad (58)$$

Um die durch Temperatureinwirkung und durch Einwirkung des inneren Überdruckes p entstehende Zugbeanspruchung im Mauerwerk aufzuheben, muß im Eisenmantel eine erforderliche Vorspannung σ_{e_v} von der Größe gegeben werden:

$$\sigma_{e_v} = \frac{d_m}{d_e} \cdot E_m \left[\frac{m}{2(m-1)}\, \alpha_m \cdot \frac{\varphi}{\varphi + 1} \cdot (t_i - t_a) + \frac{r\,p}{d_e} \cdot \frac{1}{E_e}\right] . \qquad (59)$$

Aus der Gleichsetzung von Gl. (58) und Gl. (59) folgt:

$$\left(\alpha_e + \frac{\alpha_m}{2(m-1)}\right) \frac{(\varphi - \varphi_0)}{(\varphi_0 + 1)\,(\varphi + 1)} \cdot (t_i - t_a) + q = \left(1 + \frac{d_m \, E_m}{d_e \, E_e}\right) \times$$

$$\times \left[\frac{m}{2(m-1)} \cdot \alpha_m \cdot \frac{\varphi}{\varphi + 1}\,(t_i - t_a) + \frac{r\,p}{d_e \, E_e}\right] . \qquad (60)$$

Für $\varphi = \varphi_0$ geht Gl. (60) in die Quellungsformel Gl. (33) über. Die linke Seite der Gl. (60) kann somit aufgefaßt werden als die durch Vergrößerung von φ hervorgerufene vergrößerte Gesamt-Quellfähigkeit:

$$q_0 = q + q_1 = q + \left(\alpha_e + \frac{\alpha_m}{2(m-1)}\right) \cdot \frac{(\varphi - \varphi_0)}{(\varphi_0 + 1)\,(\varphi + 1)} \,(t_i - t_a) \ . \qquad (61)$$

Die durch Vergrößerung der Kenngröße $\varphi > \varphi_0$ erzielte Zusatzquellfähigkeit q_1 beträgt demnach:

$$q_1 = \left(\alpha_e + \frac{\alpha_m}{2\,(m-1)}\right) \cdot \frac{(\varphi - \varphi_0)}{(\varphi_0 + 1)\,(\varphi + 1)} \cdot (t_i - t_a) \ . \qquad (62)$$

Um den Einfuß der maßgebenden Größen, der Stoffwerte, besser erkennen zu können, ist es zweckmäßig, statt der NUSSELTschen Kenngröße φ die Mauerwandstärke d_m einzuführen: Aus Gl. (6) findet man:

$$\varphi = \frac{\alpha \, d_m}{\lambda_m} + \frac{\alpha \, \delta_i}{\lambda_i} + \frac{\alpha \, d_e}{\lambda_e} \ , \qquad (63)$$

α soll hierin noch allgemeiner als in Gl. (6) die Wärmeübergangszahl der *Luft oder der Flüssigkeit* an den stählernen Behälter in [kcal/m² h °C] bedeuten.

Setzt man nun φ aus Gl. (63) in Gl. (62) ein, so wird nach einigen einfachen Umformungen und mit

$$\varphi_0 = \frac{2(m-1)\,(\alpha_e - \alpha_m)}{(2\,m-1)\,\alpha_m}$$

schließlich:

$$\frac{q_1}{t_i - t_a} = \frac{(2m-1)\,\alpha_m}{2(m-1)} \cdot \frac{d_m - \dfrac{\lambda_m}{\alpha}\left[\varphi_0 - \left(\dfrac{\alpha\,\delta_i}{\lambda_i} + \dfrac{\alpha\,d_e}{\lambda_e}\right)\right]}{d_m + \dfrac{\lambda_m}{\alpha}\left[1 + \left(\dfrac{\alpha\,\delta_i}{\lambda_i} + \dfrac{\alpha\,d_e}{\lambda_e}\right)\right]} \tag{64}$$

In dieser Gleichung sind $q_1/(t_i - t_0)$ die abhängige und d_m die unabhängige Veränderliche. Man führt deshalb mit y und x in die Gl. (64) folgende Abkürzungen ein:

$$\left.\begin{aligned}
\frac{q_1}{t_i - t_0} &= y\,, \\[4pt]
d_m &= x\,, \\[4pt]
\frac{(2\,m-1)\alpha_m}{2(m-1)} &= c_1\,, \\[4pt]
\frac{\lambda_m}{\alpha}\left[\varphi_0 - \left(\frac{\alpha\,\delta_i}{\lambda_i} + \frac{\alpha\,d_e}{\lambda_e}\right)\right] &= c_2\,, \\[4pt]
\frac{\lambda_m}{\alpha}\left[1 + \left(\frac{\alpha\,\delta_i}{\lambda_i} + \frac{\alpha\,d_e}{\lambda_e}\right)\right] &= c_3\,.
\end{aligned}\right\} \tag{65}$$

Hiermit geht dann Gl. (64) über in die einfache Gleichung:

$$y = c_1 \cdot \frac{x - c_2}{x + c_3}\,. \tag{66}$$

Dies ist die Gleichung einer gleichseitigen Hyperbel mit verschobenem Koordinatenursprung. Sie kann geschrieben werden als:

$$(c_1 - y)\,(c_3 + x) = c_1\,(c_2 + c_3)\,. \tag{67}$$

Rechnet man mit obigen Werten die Größe auf der rechten Seite der Gl. (67) aus, so findet man:

$$c_1\,(c_2 + c_3) = \frac{\lambda_m}{\alpha}\left[\alpha_e + \frac{\alpha_m}{2(m-1)}\right]\,.$$

Hiermit lautet dann Gl. (67):

$$\left[\frac{(2\,m-1)\,\alpha_m}{2(m-1)} - y\right] \cdot \left[\frac{\lambda_m}{\alpha}\left\{1 + \left(\frac{\alpha\,\delta_i}{\lambda_i} + \frac{\alpha\,d_e}{\lambda_e}\right)\right\} + x\right] = \frac{\lambda_m}{\alpha}\left[\alpha_e + \frac{\alpha_m}{2(m-1)}\right]\,, \tag{68}$$

oder auch mit den auf den verschobenen Koordinatenursprung bezogenen Koordinaten x', y':

$$x' \cdot y' = \frac{\lambda_m}{\alpha}\left[\alpha_e + \frac{\alpha_m}{2(m-1)}\right]\,. \tag{69}$$

Diese Hyperbel hat einen wichtigen physikalischen Sinn, den man leicht aus Abb. 10 erkennen kann:

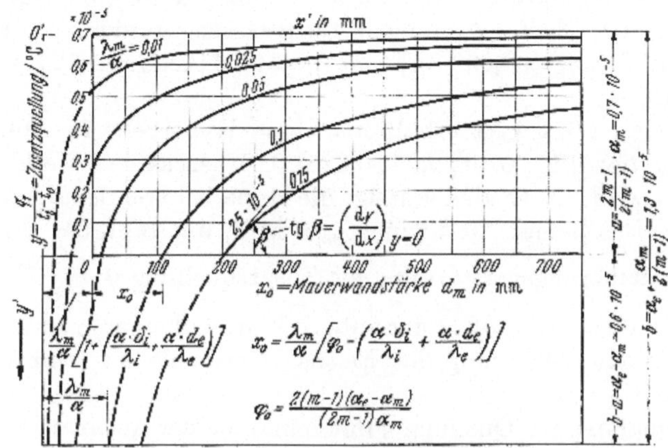

Abb. 10. Hyperbeln für Zusatzquellung.

Im Koordinatensystem mit $0'$ als Ursprung sind nach rechts als Abszissen x' und nach unten als Ordinaten y' abgetragen. Die auf dieses System bezogenen gleichseitigen Hyperbeln erfüllen die Gl. (69). Das Koordinatensystem mit 0 als Ursprung hat als Ordinate die Quellgröße $y = q_1/(t_i - t_a)$ und als Abszisse die Mauerwandstärke $x = d_m$. Auf diesen Ursprung 0 bezogen gilt Gl. (68). 0 ist gegenüber $0'$ verschoben um:

$$\frac{\lambda_m}{\alpha}\left[1 + \left(\frac{\alpha\,\delta_i}{\lambda_i} + \frac{\alpha\,d_e}{\lambda_e}\right)\right] \qquad \text{nach rechts} \tag{70}$$

und um

$$\frac{2\,m-1}{2(m-1)}\cdot\alpha_m \qquad \text{nach unten.} \tag{71}$$

Alle Hyperbeln haben als waagerechte Asymptote eine Parallele zur $x = d_m$-Achse im Abstande von

$$\frac{2\,m-1}{2(m-1)}\cdot\alpha_m \tag{72}$$

von der x-Achse. Dieser Abstand ist also nur abhängig von den Stoffwerten m und α_m. Die senkrecht nach unten gehende Asymptote, die mit der y'-Achse zusammenfällt, besitzt einen Abstand von

$$\frac{\lambda_m}{\alpha}\left[1 + \left(\frac{\alpha\,\delta_i}{\lambda_i} + \frac{\alpha\,d_e}{\lambda_e}\right)\right], \tag{73}$$

von der y-Achse. Diese Größe ist also proportional dem Werte λ_m/a und dem Werte $\left[1 + \left(\frac{\alpha\,\delta_i}{\lambda_i} + \frac{\alpha\,d_e}{\lambda_e}\right)\right]$. Der Betrag $\frac{\alpha\,d_e}{\lambda_e}$ ist meist klein gegenüber 1, beispielsweise für $\alpha = 10$ [kcal/m² h °C], $\lambda_e = 50$ [kcal/m h °C] und $d_e = 0,025$ m wird er 0,005. Deshalb kann diese Größe gleich Null gesetzt werden. Ist zwischen Eisen und Mauerwerk keine Isolierschicht vorhanden, so ist $\delta_i = 0$. Für diesen Fall wird dann der Abstand der senkrechten Asymptote gleich λ_m/α. Wenn jedoch eine Isolierschicht vorhanden ist, darf $\alpha\,\delta_i/\lambda_i$ nicht fortgelassen werden. Für $\alpha = 10$ [kcal/m² h °C], $\delta_i = 0{,}003$ [m] und $\lambda_i = 0{,}16$ [kcal/m h °C] wird diese Größe $0{,}188$.

Für jeden Wert λ_m/α erhält man eine Hyperbel. In Abb. 10 sind Hyperbeln für $0{,}15$; $0{,}10$; $0{,}05$; $0{,}025$; $0{,}01$ gezeichnet. Je kleiner λ_m/α ausgeführt wird, um so steiler steigt die Hyperbel von der x-Achse aus in die Höhe. Das besagt: Je kleiner λ_m/α wird, um so größer wird bei geringer Ausmauerungsverstärkung die Zusatzquellung $y = \dfrac{q_1}{t_i - t_a}$. Praktisch heißt dies: Je größer der äußere Wärmeübergang, umso geringer die Gefahr einer Ablösung des Eisens. Umso kleiner kann die Quellung sein.

Die Zunahme der Quellung y mit Zunahme der Ausmauerungsstärke $x = d_m$ kann analytisch festgelegt werden. Sie beträgt für $y = 0$:

$$\operatorname{tg}\beta = \left(\frac{d\,y}{d\,x}\right)_{y=0} = \frac{\alpha}{\lambda_m}\cdot\left[\frac{(2\,m-1)\,\alpha_m}{2(m-1)}\right]^2\cdot\frac{1}{\left[\alpha_e + \dfrac{\alpha_m}{2(m-1)}\right]}. \tag{74}$$

Während m, α_e, α_m fast unveränderliche Stoffwerte sind, kann α/λ_m durch technische Maßnahmen in weiten Grenzen verändert werden. Ist beispielsweise $\alpha = 10$ [kcal/m² h °C] und $\lambda_m = 1{,}5$ [kcal/m h °C], so gilt die Hyperbel $\lambda_m/\alpha = 0{,}15$ [m]. Ist es aber möglich, $\lambda_m = 0{,}75$ auszuführen, so wird $\lambda_m/\alpha = 0{,}075$. Man gelangt also durch diese Maßnahme auf die zwischen $0{,}1$ und $0{,}05$ liegende Hyperbel von $0{,}075$. In diesem Fall kommt man mit viel geringerer Erhöhung der Mauerwandstärke aus, um die erforderliche Zusatzquellung zu erreichen. Die größte Wirkung aber bringt es, wenn statt Luft etwa Flüssigkeit den eisernen Mantel bespült. Hierfür wird $\alpha = 500$ [kcal/m² h °C] zu setzen sein. Man findet bei $\lambda_m = 1{,}5$ [kcal/m h °C] den Wert

$$\frac{\lambda_m}{\alpha} = \frac{1{,}5}{500} = 0{,}003 \ [\text{m}].$$

Nach Abb. 10 erhält man dann eine Hyperbel, die noch unterhalb $\lambda_m/\alpha = 0{,}01$ verläuft, eine äußerst steile Hyperbel.

Bis jetzt ist die Ausmauerungsstärke x_0 für $y = 0$ noch nicht betrachtet worden. Sie spielt, besonders bei hohen Wärmeübergangszahlen, eine sehr wichtige Rolle. Aus Gl. (66) folgt für $y = 0$:

$$x_0 = \frac{\lambda_m}{\alpha}\left[\varphi_0 - \left(\frac{\alpha\,\delta_i}{\lambda_i} + \frac{\alpha\,d_e}{\lambda_e}\right)\right]. \tag{75}$$

$$\text{mit} \quad \varphi_0 = \frac{2(m-1)\,(\alpha_e - \alpha_m)}{(2\,m-1)\,\alpha_m} \quad \text{nach Gl. (16)}.$$

Wenn keine isolierende Schicht zwischen Eisen und Mauerwerk angebracht ist, ist $\delta_i = 0$, und es darf gesetzt werden:

$$x_0 = \frac{\lambda_m}{\alpha} \cdot \varphi_0 \, .$$

Die Mauerwandstärke x_0 bei Zusatzquellung $y = 0$ wird um so geringer, je kleiner λ_m/α wird. Die senkrechte Hyperbelasymptote liegt für $\delta_i = 0$ und $\alpha\, d_e/\lambda_e = 0$ um den Betrag λ_m/α nach links. Die von der Isolierschicht zwischen Eisen und Mauerwerk herrührende NUSSELTsche Größe $\alpha\, \delta_i/\lambda_i$ vermindert die erforderliche Wandstärke

$$x_0 = \frac{\lambda_m}{\alpha} \left[\varphi_0 - \left(\frac{\alpha\, \delta_i}{\lambda_i} + \frac{\alpha\, d_e}{\lambda_e} \right) \right] . \tag{76}$$

und erhöht den Abstand der senkrechten Asymptote:

$$\frac{\lambda_m}{\alpha} \left[1 + \left(\frac{\alpha\, \delta_i}{\lambda_i} + \frac{\alpha\, d_e}{\lambda_e} \right) \right] .$$

Man kann, um den physikalischen Sinn der Gl. (76) mit den drei verschiedenen Wärmeleitwerten λ_m, λ_i und λ_e besser zu erkennen, die Gl. (76) auch in dimensionslosen Ähnlichkeitskenngrößen anschreiben:

$$\varphi_0 = \frac{\alpha\, x_0}{\lambda_m} + \frac{\alpha\, \delta_i}{\lambda_i} + \frac{\alpha\, d_e}{\lambda_e} = Nu_m + Nu_i + Nu_e \, . \tag{77}$$

Hierin ist:

$$\frac{\alpha\, x_0}{\lambda_m} = \frac{x_0}{\lambda_m/\alpha} = Nu_m = \text{NUSSELTsche Kenngröße des Mauerwerks,}$$

$$\frac{\alpha\, \delta_i}{\lambda_i} = \frac{\delta_i}{\lambda_i/\alpha} = Nu_i = \text{NUSSELTsche Kenngröße der Isolierschicht,}$$

$$\frac{\alpha\, d_e}{\lambda_e} = \frac{d_e}{\lambda_e/\alpha} = Nu_e = \text{NUSSELTsche Kenngröße des Eisenmantels.}$$

Die Summe dieser drei NUSSELTschen Kenngrößen ist die von den Stoffkonstanten der Dehnung m, α_e, α_m abhängige Kenngröße des Dehnungsgleichgewichtes:

$$\varphi_0 = \frac{2(m-1)\,(\alpha_e - \alpha_m)}{(2\,m - 1)\,\alpha_m} \, .$$

Es kann nun der Fall eintreten, daß bei den höheren Wärmeübergangszahlen α der Flüssigkeiten der Wert $Nu_i = \alpha\, \delta_i/\lambda_i$ die Gleichgewichts-Kenngröße φ_0 übertrifft. Dann erhält man bei geringen Ausmauerungsstärken x_0 schon Kenngrößen $\varphi > \varphi_0$, so daß dann nach Gl. (40) eine Zusatzspannung entsteht. Würde beispielsweise ein ausgemauertes Gefäß, das zwischen Ausmauerung ($\lambda_m = 1{,}5$ kcal/m h $^\circ$C) und Eisenmantel ($d_e = 25$ mm, $\lambda_e = 50$ kcal/m h $^\circ$C) eine 3 mm dicke Isolierschicht ($\lambda_i = 0{,}15$ kcal/m h $^\circ$C) trägt, außen mit Wasser ($\alpha = 500$ kcal/m² h $^\circ$C) berieselt werden, so würde sein:

$$Nu_i = \frac{\alpha\, \delta_i}{\lambda_i} = \frac{500 \cdot 0{,}003}{0{,}15} = \frac{3}{0{,}3} = 10 \, ,$$

$$Nu_e = \frac{\alpha\, d_e}{\lambda_e} = \frac{500 \cdot 0{,}025}{50} = 0{,}25 \, .$$

Bei einer verhältnismäßig dünnen Ausmauerungsschicht von 20 mm würde betragen:

$$Nu_m = \frac{\alpha \, d_m}{\lambda_m} = \frac{500 \cdot 0{,}02}{1{,}5} = 6{,}67\,.$$

Die Summe dieser drei NUSSELTschen Kenngrößen würde ergeben:

$$\varphi = Nu_m + Nu_i + Nu_e = 6{,}67 + 10 + 0{,}25 = 16{,}92 > \varphi_0 = 0{,}86\,.$$

Würde man jedoch keine Isolierschicht anbringen, so würde sich φ wesentlich erniedrigen auf:

$$\varphi = Nu_m + Nu_e = 6{,}67 + 0{,}25 = 6{,}92\,.$$

Bei Flüssigkeitsberieselung sollte deshalb keine Isolierschicht angewendet werden, um nicht zu hohe φ-Werte und damit zu hohe Zusatzspannungen σ_{e_z} zu erhalten. Die größte Zusatzquellung $q_1/(t_i - t_a)$, die durch diese Maßnahmen überhaupt erreicht werden kann, ist, wie ein Blick auf Abb. 10 lehrt:

$$\left(\frac{q_1}{t_i - t_a}\right)_{max} = \frac{2\,m - 1}{2(m - 1)} \cdot \alpha_m = \frac{7}{6} \cdot 0{,}6 \cdot 10^{-5} = 0{,}7 \cdot 10^{-5}\,.$$

Bei einer Temperaturdifferenz von $(t_i - t_a) = 100^\circ$ C wäre dann:

$$(q_1)_{max} = 100 \cdot 0{,}7 \cdot 10^{-5} = 70 \cdot 10^{-5}\,.$$

b) Konstruktion der Hyperbeln für Zusatzquellung.

Die Gleichung der Hyperbel für Zusatzquellung ist nach Gl. (68) und (69):

$$\left[\frac{(2\,m - 1)}{2(m - 1)}\alpha_m - y\right]\left[\frac{\lambda_m}{\alpha}\left\{1 + \left(\frac{\alpha\,\delta_i}{\lambda_i} + \frac{\alpha\,d_e}{\lambda_e}\right)\right\} + x\right] = \frac{\lambda_m}{\alpha}\left[\alpha_e + \frac{\alpha_m}{2(m - 1)}\right] \quad (68)$$

oder

$$x' \cdot y' = \frac{\lambda_m}{\alpha}\left[\alpha_e + \frac{\alpha_m}{2(m - 1)}\right]\,. \quad (69)$$

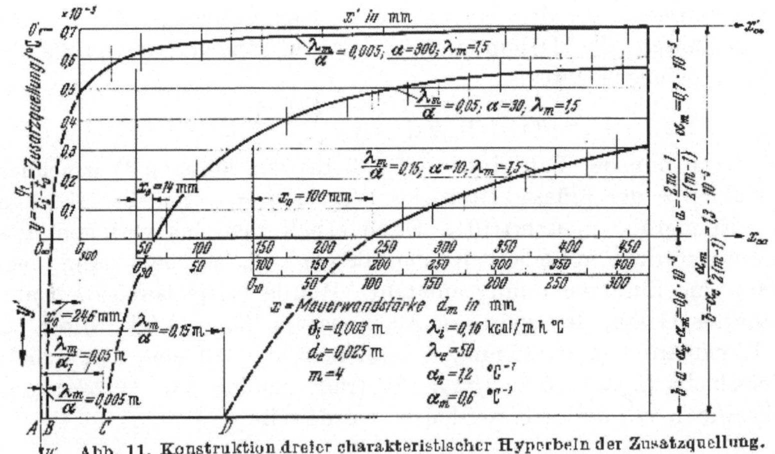

Abb. 11. Konstruktion dreier charakteristischer Hyperbeln der Zusatzquellung.

Gl. (69) stellt die Asymptotengleichung der Hyperbel dar, bezogen auf ein Koordinatennetz wie in Abb. 11 auf den Ursprung $0'$ mit Abszisse x', von links nach rechts wachsend, und mit Ordinate y' von oben nach unten wachsend.

Trägt man auf der senkrechten Asymptote $O'Y'_\infty$ die Größe

$$O'A = b = \alpha_e + \frac{\alpha_m}{2(m-1)} = 1{,}2 \cdot 10^{-5} + \frac{0{,}6 \cdot 10^{-5}}{2 \cdot 3} = 1{,}3 \cdot 10^{-5} \qquad (78)$$

auf und trägt man auf der durch A gezogenen Waagerechten die Werte λ_m/α ab, so muß für jeden Hyperbelpunkt das Produkt $x' \cdot y'$ gleich sein dem Rechteck aus λ_m/α als waagerechte Seiten und $\left[\alpha_e + \frac{\alpha_m}{2(m-1)}\right]$ als senkrechte Seiten. In Abb. 11 sind nun drei besonders charakteristische Hyperbeln eingetragen für:

$$\frac{\lambda_m}{\alpha} = 0{,}005 \quad \text{mit} \quad \alpha = 300 \quad [\text{kcal m}^2 \text{ h } ^\circ\text{C}]$$
$$\lambda_m = \quad 1{,}5 \, [\text{kcal/m h } ^\circ\text{C}],$$

$$\frac{\lambda_m}{\alpha} = 0{,}05 \quad \text{mit} \quad \alpha = 30 \quad [\text{kcal/m}^2 \text{ h } ^\circ\text{C}]$$
$$\lambda_m = \quad 1{,}5 \, [\text{kcal/m h } ^\circ\text{C}],$$

$$\frac{\lambda_m}{\alpha} = 0{,}15 \quad \text{mit} \quad \alpha = 10 \quad [\text{kcal/m}^2 \text{ h } ^\circ\text{C}]$$
$$\lambda = \quad 1{,}5 \, [\text{kcal/m h } ^\circ\text{C}].$$

Für diese ist in Abb. 11:

$$AB = 0{,}005 \text{ m} = \quad 5 \text{ mm}$$
$$AC = 0{,}05 \ \ \text{m} = \quad 50 \text{ mm}$$
$$AD = 0{,}15 \ \ \text{m} = 150 \text{ mm} .$$

Die x-Achse, auf die die Zusatzquellungen $y = q_1/(t_i - t_a)$ bezogen sind, liegt im Abstande

$$a = \frac{(2m-1)}{2(m-1)} \cdot \alpha_m = 0{,}7 \cdot 10^{-5} \qquad (79)$$

von der waagrechten Asymptote $O'X'$ nach abwärts. Der Abstand der Basislinie $ABCD$ von der x-Achse ergibt sich aus den Gln. (78) und (79) zu:

$$O_\infty A = b - a = \left[\alpha_e + \frac{\alpha_m}{2(m-1)}\right] - \frac{2m-1}{2(m-1)} \cdot \alpha_m$$

oder ausgerechnet:

$$b - a = \alpha_e - \alpha_m. \qquad (80)$$

Der Schnittpunkt der Hyperbeln mit der x-Achse $O_\infty X_\infty$ ergibt sich aus Gl. (69) zu x' für $y' = a$. Man erhält:

$$x' = \frac{\lambda_m}{\alpha} \cdot \frac{\alpha_e + \dfrac{\alpha_m}{2(m-1)}}{a} = \frac{\lambda_m}{\alpha} \cdot \frac{b}{a} = \frac{1{,}3 \cdot 10^{-5}}{0{,}7 \cdot 10^{-5}} \cdot \frac{\lambda_m}{\alpha} = 1{,}86 \, \frac{\lambda_m}{\alpha}. \qquad (81)$$

Die Koordinatenursprünge 0_{300}, 0_{30}, 0_{10} für die Hyperbelgleichungen nach Gl. (68) liegen um den Betrag

$$\frac{\lambda_m}{\alpha}\left[1+\left(\frac{\alpha\,\delta_i}{\lambda_i}+\frac{\alpha\,d_e}{\lambda_e}\right)\right]$$

nach rechts verschoben, von 0_∞ aus gerechnet. Auf diese Weise kann die Länge x_0, für die die Zusatzquellung $y'=q_1/(t_i-t_a)$ gleich Null wird, leicht errechnet werden zu:

$$x_0=\frac{\lambda_m}{\alpha}\left[\frac{b}{a}-\left\{1+\left(\frac{\alpha\,\delta_i}{\lambda_i}+\frac{\alpha\,d_e}{\lambda_?}\right)\right\}\right],$$

oder

$$x_0=\frac{\lambda_m}{\alpha}\left[\frac{b-a}{a}-\left(\frac{\alpha\,\delta_i}{\lambda_i}+\frac{\alpha\,d_e}{\lambda_e}\right)\right],$$

$$x_0=\frac{\lambda_m}{\alpha}\left[\frac{\alpha_e-\alpha_m}{a}-\left(\frac{\alpha\,\delta_i}{\lambda_i}+\frac{\alpha\,d_e}{\lambda_e}\right)\right].$$

Für die vorliegenden Verhältnisse ist:

$$\varphi_0=\frac{\alpha_e-\alpha_m}{a}=\frac{(1,2-0,6)\cdot10^{-5}}{0,7\cdot10^{-5}}=\frac{6}{7}=0,86$$

$$x_0=\frac{\lambda_m}{\alpha}\left[0,86-\left(\frac{\alpha\,\delta_i}{\lambda_i}+\frac{\alpha\,d_e}{\lambda_e}\right)\right]. \tag{82}$$

Man ersieht aus den drei Hyperbeln von Abb. 11, daß für die flachen Kurven x_0 groß und für die steilen Kurven x_0 kleiner und kleiner wird, bis es sogar negative Werte wie für $\lambda_m/\alpha=0,005$ annimmt. Diese Tatsache ist von großer technisch-wirtschaftlicher Bedeutung für die gesamte Ausmauerung. Bei der hohen Wärmeübergangszahl $\alpha=300\,\text{kcal/m}^2\text{h}\,^\circ\text{C}$ trägt vor allem die den Wärmedurchgang stark hemmende Isolierschicht von der Stärke $\delta_i=0,003\,\text{m}$ zum negativen Wert x_0 der Mauerwandstärke bei. Würde man diese Isolierschicht fortlassen, so erhielte die Mauerwandstärke die wenn auch kleine, so doch immerhin positive Größe:

$$x_0=\frac{\lambda_m}{\alpha}\left[0,86-\frac{\alpha\,d_e}{\lambda_e}\right]$$

$$x_0=0,005\cdot[0,86-0,15]=0,005\cdot0,71=0,00355\,\text{m}=3,55\,\text{mm}.$$

Die negative Größe $x_0=-24,6\,\text{mm}$ kann natürlich nicht ausgeführt werden. Sie hat aber zur Folge, daß schon bei der geringen ausgeführten Mauerwandstärke von 20 mm eine Zusatzquellung von

$$y=\frac{q_1}{t_i-t_a}=0,58\cdot10^{-5}$$

vorhanden ist. Dies bedeutet bei $(t_i-t_a)=70\,^\circ\text{C}$ eine Zusatzquellgröße von

$$q_1=0,58\cdot10^{-5}\cdot70=40,6\cdot10^{-5}.$$

Läßt man die Isolierschicht von $\delta_i=3\,\text{mm}$ fort, so liegt der Koordinaten-Ursprungspunkt 0_{300} um 3,55 mm links vom Schnittpunkt der

Hyperbel mit der x-Achse, und zu einer Mauerwandstärke von 20 mm gehört jetzt nur eine Zusatzquellgröße von

$$y = \frac{q_1}{t_i - t_a} = 0{,}45 \cdot 10^{-5}\,.$$

Dies bedeutet bei $(t_i - t_a) = 70\ ^\circ\mathrm{C}$ eine Zusatzquellgröße von

$$q_1 = 0{,}45 \cdot 10^{-5} \cdot 70 = 31{,}5 \cdot 10^{-5}\,.$$

Durch Fortlassung der Isolierschicht hat sich also die Zusatzquellung um $(40{,}6 - 31{,}5) \cdot 10^{-5} = 9{,}1 \cdot 10^{-5}$ vermindert. Dieselbe Zusatzquellgröße von $y = 0{,}45 \cdot 10^{-5}$ könnte erreicht werden mit $\alpha = 30$ [kcal/m² h $^\circ$C] und mit einer 3 mm dicken Isolierschicht bei einer Ausmauerungsstärke von

$$x = 180\ \mathrm{mm}.$$

Für $\alpha = 10$ [kcal/m² h $^\circ$C] müßte die Ausmauerungsstärke sogar $x = 600$ mm groß werden. Da nun der Anstieg $\left(\dfrac{dy}{dx}\right)_{y=0}$ der Hyperbel im Schnittpunkte mit der x-Achse nach Gl. (74) durch

$$\left(\frac{dy}{dx}\right)_{y=0} = \frac{\alpha}{\lambda_m} \cdot \left[\frac{(2\,m - 1)\,\alpha_m}{2(m-1)}\right]^2 \cdot \frac{1}{\alpha_e + \dfrac{\alpha_m}{2(m-1)}}$$

oder auch durch

$$\operatorname{tg}\beta = \left(\frac{dy}{dx}\right)_{y=0} = \frac{x}{\lambda_m} \cdot \frac{a^2}{b} = \frac{0{,}377}{\dfrac{\lambda_m}{\alpha}}$$

gegeben ist, so wird $\operatorname{tg}\beta$ umgekehrt proportional der relativen Wärmeübergangszahl λ_m/α. Je kleiner also λ_m/α wird, um so steiler wird die Hyperbel, um so geringere Mauerwandstärken-Erhöhungen sind zur Erzielung der erforderlichen Zusatzquellung y nötig. Die vorliegenden Ausführungen weisen den Weg, die wichtige Größe λ_m/α möglichst klein zu halten. Dies kann erreicht werden entweder durch Erhöhung der Wärmeübergangszahl α (Anwendung von Flüssigkeitsberieselung statt Luftumspülung) oder durch Erniedrigung der Wärmeleitzahl des Mauerwerkes λ_m. Würde beispielsweise bei Luftumspülung mit $\alpha = 10$ [kcal/m² h $^\circ$C] ein Mauerwerk mit $\lambda_m = 0{,}5$ [kcal/m h $^\circ$C] statt $\lambda_m = 1{,}5$ [kcal/m h $^\circ$C] verwendet werden, so würde sich λ_m/α von 0,15 auf 0,05 erniedrigen. In Abb. 11 würde man dann von der untersten Hyperbel auf die mittlere gelangen. Im allgemeinen wird der Betrieb verlangen, daß die Ausmauerungsstärke zwecks Erzielung einer gewünschten Zusatzquellung y_1 nicht übermäßig groß ausgeführt wird. Man wird vielleicht sogar eine gewisse Wandstärke des Mauerwerkes $x = d_m$ vorschreiben wollen. Hiermit wird aber λ_m/α eindeutig festgelegt. Dies wird sofort klar aus Gl. (68):

$$\left[\frac{2\,m-1}{2(m-1)}\alpha_m - y\right] \cdot \left[\frac{\lambda_m}{\alpha}\left\{1 + \left(\frac{\alpha\,\delta_i}{\lambda_i} + \frac{\alpha\,d_e}{\lambda_e}\right)\right\} + x\right] = \frac{\lambda_m}{\alpha} \cdot \left[\alpha_e + \frac{\alpha_m}{2(m-1)}\right]. \quad (68)$$

Setzt man in dieser Gleichung:

$$\left. \begin{aligned} \frac{(2\,m-1)}{2(m-1)} \cdot \alpha_m &= a_1 \\[2mm] \alpha_e + \frac{\alpha_m}{2(m-1)} &= b_1 \\[2mm] 1 + \left(\frac{\alpha\,\delta_i}{\lambda_i} + \frac{\alpha\,d_e}{\lambda_e}\right) &= c_1 \\[2mm] y &= y_1 \end{aligned} \right\} \qquad (83)$$

so geht Gl. (68) über in:

$$(a_1 - y_1)\left(\frac{\lambda_m}{\alpha} \cdot c_1 + x\right) = \frac{\lambda_m}{\alpha} \cdot b_1 \,.$$

Löst man diese Gleichung nach $\dfrac{\lambda_m}{\alpha}$ auf, so findet man:

$$\left. \begin{aligned} \frac{\lambda_m}{\alpha} &= \frac{a_1 - y_1}{b_1 - c_1\,(a_1 - y_1)} \cdot x \\[3mm] \frac{\lambda_m}{\alpha} &= \frac{1}{\dfrac{b_1}{a_1 - y_1} - c_1} \cdot x \end{aligned} \right\} \,. \qquad (84)$$

Will man eine Zusatzquellung von $q_1 = 20 \cdot 10^{-5}$ bei $t_i - t_a = 70\,°\mathrm{C}$ erreichen, so wird:

$$y_1 = \frac{q_1}{t_i - t_a} = \frac{20}{70} \cdot 10^{-5} = 0{,}28 \cdot 10^{-5}\,.$$

Für ein $\alpha = 15\ [\mathrm{kcal/m^2\,h\ °C}]$ und $\delta_i = 0{,}003$ m, $\lambda_i = 0{,}16\ [\mathrm{kcal/m\,h\ °C}]$, $d_e = 0{,}025$ m, $\lambda_e = 50\ [\mathrm{kcal/m\,h\ °C}]$ wird:

$$c_1 = 1 + \left(\frac{15 \cdot 0{,}003}{0{,}16} + \frac{15 \cdot 0{,}025}{50}\right) = 1{,}29$$

mit $b_1 = 1{,}3 \cdot 10^{-5}$, $a_1 = 0{,}7 \cdot 10^{-5}$, $y_1 = 0{,}28 \cdot 10^{-5}$ wird:

$$\frac{\lambda_m}{\alpha} = \frac{1}{\dfrac{1{,}3}{0{,}42} - 1{,}29} \cdot x = \frac{x}{1{,}81}\,.$$

Will man nicht stärker als mit $x = 150$ mm ausmauern, so wird:

$$\frac{\lambda_m}{\alpha} = \frac{0{,}15}{1{,}81} = 0{,}083\,.$$

Mit $\alpha = 15\ [\mathrm{kcal/m^2\,h\ °C}]$ folgt hieraus:

$$\lambda_m = 15 \cdot 0{,}083 = 1{,}25\ [\mathrm{kcal/m\,h\ °C}]\,.$$

Bei einem $\lambda_m = 0{,}8\ [\mathrm{kcal/m\,h\ °C}]$ dürfte die Ausmauerung sein:

$$x = 1{,}81 \cdot \frac{\lambda_m}{\alpha} = 1{,}81 \cdot \frac{0{,}8}{1{,}5} = 0{,}096\ \mathrm{m} = 96\ \mathrm{mm}\,.$$

Durch Ausmauerung mit Mauerwerk geringerer Wärmeleitzahl erhält man die Stärke trotz gewonnener relativer Quellgröße $y_1 = 0{,}28 \cdot 10^{-5}$ doch ziemlich klein.

c) Berechnung der Eisenwandstärken bei zu dicker Ausmauerung.

Zur Berechnung der Eisenwandstärken d_e bei zu dicker Ausmauerung benutzt man ebenfalls Gl. (46). Nur erhalten in dieser Gleichung die Größen b, c, q eine etwas verschiedene Bedeutung. Sie sollen deshalb mit b_0, c_0, q_0 bezeichnet werden. Es wird also:

$$y = \frac{(n\,b_0\,x + c_0) + \sqrt{(n\,b_0\,x - c_0)^2 + 4\,n\,c_0\,x\,q_0}}{2(q_0 - b_0)} \, . \tag{85}$$

Hierin bedeuten dann:

$$y = d_e\,, \qquad\qquad x = d_m\,,$$

$$n = E_m/E_e\,, \qquad\qquad c_0 = \frac{r\,p}{E_e}\,,$$

$$b_0 = \frac{m \cdot \alpha_m}{2(m-1)} \cdot \frac{\varphi}{\varphi + 1} \cdot (t_i - t_a)\,,$$

$$q_0 = q + q_1 = q + \left(\alpha_e + \frac{\alpha_m}{2(m-1)}\right) \cdot \frac{(\varphi - \varphi_0)}{(\varphi_0 + 1)\,(\varphi + 1)} \cdot (t_i - t_a)\,.$$

φ ist hierbei:

$$\varphi = \frac{\alpha\,d_m}{\lambda_m} + \frac{\alpha\,\delta_i}{\lambda_i} + \frac{\alpha\,d_e}{\lambda_e}\,, \tag{6}$$

$$\varphi_0 = \frac{2(m-1)\,(\alpha_e - \alpha_m)}{(2\,m - 1)\,\alpha_m}\,. \tag{16}$$

Die Zusatzquellung q_1 durch Erhöhung der Kenngröße φ vergrößert auch die Werte $d_m = x$ und b_0, so daß insgesamt auch die Blechwandstärke $d_e = y$ nach Gl. (85) größer werden muß. Nach Gl. (58) ist:

$$\sigma_{e_v} = \frac{E_e}{\left(1 + \dfrac{d_e\,E_e}{d_m\,E_m}\right)} \cdot \left[\left(\alpha_e + \frac{\alpha_m}{2(m-1)}\right) \cdot \frac{(\varphi - \varphi_0)}{(\varphi_0 + 1)\,(\varphi + 1)} \cdot (t_i - t_a) + q\right]$$

und nach Gl. (61) ist:

$$q_0 = q + q_1 = q + \left(\alpha_e + \frac{\alpha_m}{2(m-1)}\right) \cdot \frac{(\varphi - \varphi_0)}{(\varphi_0 + 1)\,(\varphi + 1)} \cdot (t_i - t_a)\,.$$

Hiermit ergibt sich dann:

$$\sigma_{e_v} = \frac{q_0 \cdot E_e}{\left(1 + \dfrac{d_e\,E_e}{d_m\,E_m}\right)}\,. \tag{86}$$

d) Praktische Schlußfolgerungen für Zusatzquellung bei zu dicker Ausmauerung.

Zur Erzeugung fehlender Kittquellung kann die Vergrößerung der Kenngröße

$$\varphi = Nu_m + Nu_i + Nu_e = \frac{\alpha\,d_m}{\lambda_m} + \frac{\alpha\,\delta_i}{\lambda_i} + \frac{\alpha\,d_e}{\lambda_e}$$

benutzt werden. Maßgebend beeinflußt wird φ nur durch die NUSSELT-sche Kenngröße für das Mauerwerk

$$Nu_m = \frac{\alpha\,d_m}{\lambda_m}$$

und durch die NUSSELTsche Kenngröße für die Isolierung

$$Nu_i = \frac{\alpha\,\delta_i}{\lambda_i}\,.$$

Selbst für kleine Werte δ_i wird Nu_i groß bei kleinem λ_i und großem α. Deshalb sollte bei großen Werten α (z. B. Wärmeübergang an Flüssigkeiten statt an Luft) keine Isolierschicht zwischen Ausmauerung und Eisenmantel zur Ausführung gelangen. Für $Nu_i = 0$ aber wird

$$Nu_m = \frac{\alpha}{\lambda_m}\cdot d_m = \varphi\,.$$

Dann besteht die Kenngröße φ aus den beiden Faktoren α/λ_m und d_m. Zur Erreichung einer vergrößerten Kenngröße φ kann nun entweder α/λ_m klein und d_m groß oder α/λ_m groß und d_m klein gewählt werden. Unter normalen Verhältnissen ist bei Luftumspülung des eisernen Gefäßes $\alpha = 10$ kcal/m² h °C und $\lambda_m = 1{,}6$ kcal/m h °C, so daß $\alpha/\lambda_m = 10/1{,}6 = 6{,}25$ wird. Mit diesem verhältnismäßig kleinen Wert müssen die Wandstärken d_m und d_e zur Erreichung einer genügend großen Zusatzquellung q_1 schon ziemlich groß werden. Um nicht zu große, praktisch ausführbare Werte von d_m und d_e zu erhalten, muß man α/λ_m größer ausführen. Dies kann man erreichen durch kleinere Wärmeleitfähigkeit λ_m des Mauerwerkes oder durch größere Wärmeübergangszahlen α des das eiserne Gefäß umgebenden Mediums oder auch durch beide Maßnahmen zugleich. Bei ruhenden Flüssigkeiten, z. B. Berieselung des Gefäßes oder bei Bädern, kann $\alpha = 300\text{—}500$ kcal/m² h °C gesetzt werden.

e) Abhängigkeit der Eisenwandstärke d_e von der Mauerwandstärke d_m bei zu dicker Ausmauerung.

Um die Abhängigkeit der Eisenwandstärke d_e von der Mauerwandstärke d_m bei zu dicker Ausmauerung (also nicht im Gleichgewichtszustand) darstellen zu können, muß man auf Gl. (60) zurückgreifen. Diese lautete:

$$\left(\alpha_e + \frac{\alpha_m}{2(m-1)}\right)\cdot\frac{(\varphi-\varphi_0)}{(\varphi_0+1)\,(\varphi+1)}\cdot(t_i-t_a)+q = \left(1+\frac{d_m\,E_m}{d_e\,E_e}\right)\times$$

$$\times\left[\frac{m\,\alpha_m}{2(m-1)}\cdot\frac{\varphi}{(\varphi+1)}\cdot(t_i-t_a)+\frac{r\,p}{d_e\,E_e}\right]\,. \tag{60}$$

Verhältnismäßig einfach gestaltet sich die Rechnung für:

$$\varphi = \alpha_l\frac{d_m}{\lambda_m}\qquad\text{oder}\qquad d_m = \frac{\lambda_m}{\alpha_l}\cdot\varphi\,.$$

Man findet nach zwar langwieriger, aber grundsätzlich einfacher Durchrechnung, wenn man wieder $d_e = y$ und $d_m = x$ setzt, die Endgleichung:

$$A\,x\,y^2 - B\,x^2\,y - C\,y^2 - D\,x^2 - E\,x\,y - F\,y - G\,x = 0\,. \tag{87}$$

In dieser Gleichung bedeuten:

$$A = \frac{\alpha_l}{\lambda_m} \cdot \left(\frac{\alpha_m}{2} + \frac{q}{t_i - t_a}\right),$$

$$B = \frac{\alpha_l}{\lambda_m} \cdot \frac{m\,\alpha_m}{2(m-1)} \cdot \frac{E_m}{E_e},$$

$$C = (\alpha_e - \alpha_m) - \frac{q}{t_i - t_a},$$

$$D = \frac{\alpha_l}{\lambda_m} \cdot \frac{E_m}{E_e} \cdot \frac{r\,p}{E_e(t_i - t_a)},$$

$$E = \frac{\alpha_l}{\lambda_m} \cdot \frac{r\,p}{E_e(t_i - t_a)},$$

$$F = \frac{r\,p}{E_e(t_i - t_a)},$$

$$G = \frac{r\,p}{E_e(t_i - t_a)} \cdot \frac{E_m}{E_e}.$$

$$(88)$$

Gl. (87) ist eine Gleichung dritter Ordnung wegen der Glieder xy^2 und x^2y und stellt im allgemeinen eine hyperbelähnliche Kurve dar. Nur für

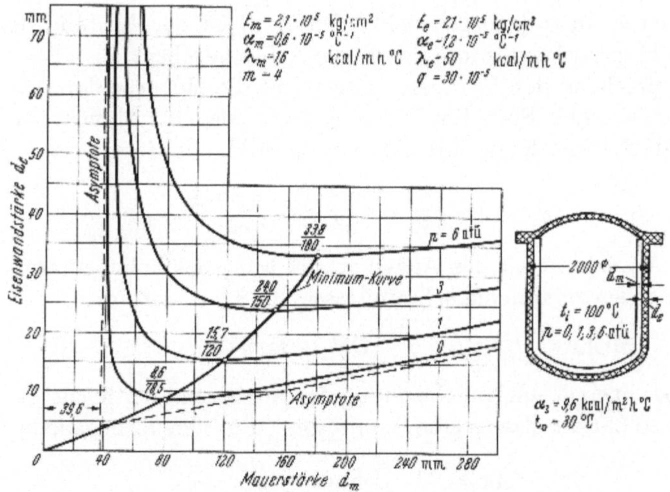

Abb. 12. Abhängigkeit der Eisenwandstärke d_e von der Mauerstärke d_m.

den Sonderfall mit $p = 0$ werden die Koeffizienten D, E, F und G zu Null. Hierfür geht dann die Kurve in eine Hyperbel über:

$$A\,xy - B\,x^2 - C\,y = 0. \qquad (89)$$

Auf Abb. 12 sind für $p = 0$, 1, 3 und 6 atü die Kurven für ein Zahlenbeispiel gezeichnet. Bildet man die Neigung der Tangente in einem beliebigen Punkte der Hyperbel, so findet man:

$$\frac{dy}{dx} = \frac{ABx^2 - 2BCx}{(Ax - C)^2} = \frac{AB - \dfrac{2BC}{x}}{\left(A - \dfrac{C}{x}\right)^2} \, . \tag{90}$$

Für $x = \infty$ wird:

$$\left(\frac{dy}{dx}\right)_{x=\infty} = \operatorname{tg} \beta = \frac{B}{A} = \frac{E_m}{E_e} \cdot \frac{\dfrac{m}{2(m-1)} \cdot \alpha_m}{\dfrac{\alpha_m}{2} + \dfrac{q}{t_i - t_a}} \, . \tag{91}$$

Dies stellt die Neigung der Hyperbelasymptote in Abb. 12 dar. Nach Gl. (90) wird $dy/yx = -\infty$ für:

$$Ax_0 - C = 0$$

$$\text{oder} \quad x_0 = \frac{C}{A} = \frac{\lambda_m}{\alpha_l} \cdot \frac{(\alpha_e - \alpha_m) - \dfrac{q}{t_i - t_a}}{\dfrac{\alpha_m}{2} + \dfrac{q}{t_i - t_a}} \, . \tag{92}$$

x_0 ist hierbei in [m] ausgedrückt. Durch x_0 ist der Abstand der senkrechten Hyperbelasymptote von der y-Achse gegeben.

Entsprechend den Voraussetzungen hat die Hyberpeldarstellung nur einen praktischen Sinn für Werte $\varphi > \varphi_0$, also für Mauerstärken, die größer als die Gleichgewichtsmauerstärke sind, oder für:

$$d_m > \frac{\lambda_m}{\alpha_l} \cdot \frac{2(m-1)(\alpha_e - \alpha_m)}{(2m-1)\alpha_m} \, . \tag{93}$$

Um Aussagen über das Aussehen der hyperbelähnlichen Kurven für $p > 0$ machen zu können, schreibt man Gl. (87) in der Form:

$$y^2(Ax - C) - Bx^2 y - Dx^2 - Exy - Fy - Gx = 0.$$

Wird aber in einer solchen Gleichung der Koeffizient der höchsten Potenz zu Null, so hat die Kurve eine Asymptote. Für den vorliegenden Fall ist

$$Ax_0 = C \quad \text{und} \quad x_0 = \frac{C}{A} \, .$$

Für $x_0 = C/A$ hat die höchste Potenz y^2 dann den Koeffizienten 0 oder anders ausgedrückt: Die Kurven für $p > 0$ haben ebenfalls für $x_0 = C/A$ eine Asymptote wie die Hyperbel für $p = 0$. Wie aus Abb. 12 zu erkennen ist, haben die Kurven einen Minimums-Wert. Alle Minimumswerte liegen auf einer Minimums-Kurve.

Eine nähere Betrachtung der Gln. (91) und (92) gibt einen lehrreichen Aufschluß über die physikalische Bedeutung der beiden Hyperbelasymptoten für $x = x_0$ und $x = \infty$. Schreibt man nämlich Gl. (92) in der Gestalt:

$$Nu_0 = \frac{x_0\,\alpha_l}{\lambda_m} = \frac{(\alpha_e - \alpha_m)\,(t_i - t_a) - q}{\dfrac{\alpha_m}{2}\,(t_i - t_a) + q}, \qquad (92a)$$

so erkennt man, daß $x_0\alpha_l/\lambda_m$ die NUSSELTsche Zahl für eine Mauerwandstärke x_0 darstellt. Diese NUSSELTsche Kenngröße wird zu Null für:

$$q = \alpha_e(t_i - t_a) - \alpha_m(t_i - t_a)\,,$$

d. h. wenn die Quellung q gerade so groß ist, daß sie den Unterschied zwischen der Dehnung des Eisenmantels und der Dehnung des Mauerwerks ausgleicht. Dann fällt mit $x_0 = 0$ die senkrechte Hyperbelasymptote mit der y-Achse zusammen. Würde man aber gar keine Quellung geben, $q = 0$ ausführen, dann müßte werden:

$$\frac{x_0\,\alpha_l}{\lambda_m} = \frac{2(\alpha_e - \alpha_m)}{\alpha_m}\,.$$

Für $\alpha_e = 1{,}2 \cdot 10^{-5}$, $\alpha_m = 0{,}6 \cdot 10^{-5}$, $\lambda_m = 1{,}6$ kcal/m h $°$C und $\alpha_l = 9{,}6$ kcal/m² h $°$C würde dann sein:

$$x_0 = 2 \cdot \frac{1{,}6}{9{,}6} = \frac{1}{3} = 0{,}333 \text{ m} = 333 \text{ mm}\,.$$

Mit kleiner werdendem q wächst die Mauerwandstärke x_0, um durch dickere Ausmauerung das kleinere q zu ergänzen. Der Abstand x_0, der sich mit veränderlichem q verändert, ist also im besonderen durch das Wärmedurchgangsproblem (λ_m) und Wärmeübergangsproblem (α_l) beeinflußt und ist unabhängig von den Festigkeits-Stoffwerten m, E_m, E_e.

Ganz anders verhält sich die zweite Hyperbelasymptote für $x = \infty$. Die Neigung tg β nach Gl. (91) ist unabhängig von λ_m und α_l und abhängig von m, E_m, E_e. Mit zunehmendem q wird tg β kleiner und mit abnehmendem q größer, um schließlich für $q = 0$ den Wert:

$$\mathrm{tg}\,\beta = \frac{m}{m-1} \cdot \frac{E_m}{E_e}$$

anzunehmen.

Zusammenfassend kennzeichnet x_0 das Wärmedurchgangs- und Wärmeübergangsproblem und tg β das Festigkeitsproblem. Beide Probleme sind durch die Wärmedehnzahlen α_e, α_m und die Quellung q miteinander verbunden.

17. Aufgabe. (Beispiel mit Quellfähigkeit $q = 30 \cdot 10^{-5}$.) Ein Gefäß mit 3000 mm $\varnothing$ steht unter einem Innendruck $p = 3$ atü bei einer Innentemperatur $t_i = 100°$ C. Der zur Ausmauerung zu verwendende Kitt möge dem Mauerwerk eine Quellfähigkeit $q = 30 \cdot 10^{-5}$ erteilen. Der Stahlmantel sei ferner innen mit einer $\delta_i = 3$ mm starken Oppanolschicht überzogen, deren Wärmeleitzahl

$$\lambda_i = 0{,}16 \text{ kcal/m h } °\text{C}$$

ist. Die Wärmeleitzahl des Mauerwerkes ist mit $\lambda_m = 0{,}8$ kcal/m h °C gegeben. Der Wärmeübergang vom Stahlmantel an die Luft möge $\alpha = 10$ kcal/m² h °C betragen. Die umgebende Lufttemperatur betrage $t_0 = 30°$ C. Gegeben sind ferner noch:

$$E_e = 21 \cdot 10^5 \,[\text{kg/cm}^2] \qquad m = 4$$
$$E_m = 2{,}1 \cdot 10^5 \,[\text{kg/cm}^2], \qquad \lambda_e = 50 \,[\text{kcal/m h ° C}],$$
$$\alpha_e = 1{,}2 \cdot 10^{-5} \,[\text{grad}^{-1}],$$
$$\alpha_m = 0{,}6 \cdot 10^{-5} \,[\text{grad}^{-1}].$$

Lösung: Aus Gl. (17) errechnet man:

$$d_m = 0{,}0688 - 0{,}8 \left(\frac{0{,}003}{0{,}16} + \frac{0{,}025}{50} \right) = 0{,}0534 \text{ m},$$

$$d_m = 55 \text{ mm Mauerwandstärke.}$$

Zur Berechnung der Blechwandstärke benutzt man die Gln. (44) und (46). Man findet:

$$b = \frac{m\,\alpha_m}{2(m-1)} \cdot \frac{\varphi_0}{(\varphi_0 + 1)} \cdot (t_i - t_a) = \frac{4 \cdot 0{,}6 \cdot 10^{-5}}{6} \cdot \frac{0{,}86}{1{,}86} \cdot 70,$$

$$b = 12{,}9 \cdot 10^{-5},$$

$$c = \frac{r\,p}{E_e} = \frac{150 \cdot 3}{21 \cdot 10^5} = 21{,}4 \cdot 10^{-5},$$

$$n = E_m / E_e = 2{,}1/21 = 0{,}1.$$

Aus Gl. (46) findet man mit $x = d_m = 0{,}055$ m $= 5{,}5$ cm:

$$d_e = \frac{(0{,}1 \cdot 12{,}9 \cdot 10^{-5} \cdot 5{,}5 + 21{,}4 \cdot 10^{-5})}{2(30 - 12{,}9) \cdot 10^{-5}} +$$

$$+ \frac{\sqrt{(0{,}1 \cdot 12{,}9 \cdot 10^{-5} \cdot 5{,}5 - 21{,}4 \cdot 10^{-5})^2 + 4 \cdot 0{,}1 \cdot 21{,}4 \cdot 5{,}5 \cdot 30 \cdot (10^{-5})^2}}{2(30 - 12{,}9) \cdot 10^{-5}}$$

$$d_e = \frac{28{,}5 \cdot 10^{-5} + \sqrt{14{,}3^2 \cdot (10^{-5})^2 + 1410 \cdot (10^{-5})^2}}{2 \cdot 17{,}1 \cdot 10^{-5}} = \frac{28{,}5 + 40{,}1}{34{,}2}$$

$$d_e = 20 \text{ mm}.$$

Nach Gl. (32) wird:

$$\sigma_{ev} = \frac{q \cdot E_e}{\left(1 + \dfrac{d_e\,E_e}{d_m\,E_m}\right)} = \frac{30 \cdot 10^{-5}\,21 \cdot 10^{+5}}{\left(1 + \dfrac{20}{55} \cdot \dfrac{21}{2{,}1}\right)} = \frac{630}{4{,}62} = 137.$$

Vorspannung im Eisen: $\sigma_{ev} = 137$ kg/cm².

Die Vorspannung im Mauerwerk wird nach Gl. (41):

$$\sigma_{mv} = \frac{2\,m\,E_m\,\alpha_m(\alpha_e - \alpha_m)\,(t_i - t_a)}{2(m-1)\,\alpha_e + \alpha_m} = \frac{2 \cdot 4 \cdot 2{,}1 \cdot 0{,}6 \cdot 0{,}6 \cdot 70}{7{,}8}$$

$$\sigma_{mv} = 54 \text{ kg/cm}^2.$$

18. Aufgabe. Die Aufgabe lautet ebenso wie Aufgabe 15, nur hat der zur Ausmauerung zu verwendende Kitt die geringere Quellfähigkeit $q = 10 \cdot 10^{-5}$.

Lösung: Da die Quellfähigkeit $q = 10 \cdot 10^{-5}$ kleiner als die Größe $b = 12{,}9 \cdot 10^{-5}$ ist, kann nicht nach den Gln. (44) und (46) gerechnet werden. Es muß eine Zusatzquellung q_1 durch Vergrößerung der NUSSELTschen Kenngröße φ erzeugt werden.

Diese Zusatzquellung q_1 wird versuchsweise mit

$$q_1 = 21 \cdot 10^{-5}$$

angesetzt. Hiermit ergibt sich nach der ersten der Gl. (65)

$$y_1 = \frac{q_1}{t_i - t_a} = \frac{21 \cdot 10^{-5}}{70} = 0{,}3 \cdot 10^{-5}\,.$$

Nach Gl. (83) wird:

$$a_1 = \frac{2\,m - 1}{2(m - 1)}\,x_m = \frac{7}{6} \cdot 0{,}6 \cdot 10^{-5} = 0{,}7 \cdot 10^{-5}\,,$$

$$b_1 = \alpha_e + \frac{\alpha_m}{2(m - 1)} = 1{,}2 \cdot 10^{-5} + \frac{0{,}6 \cdot 10^{-5}}{6} = 1{,}3 \cdot 10^{-5},$$

$$c_1 = 1 + \left(\frac{\alpha\,\delta_i}{\lambda_i} + \frac{\alpha\,d_e}{\lambda_e}\right) = 1 + \left(\frac{10 \cdot 0{,}003}{0{,}16} + \frac{10 \cdot 0{,}04}{50}\right),$$

$$c_1 = 1 + 0{,}188 + 0{,}008 = 1{,}196 \sim 1{,}20\,.$$

$$y_1 = 0{,}3 \cdot 10^{-5}\,,$$

$$a_1 - y_1 = (0{,}7 - 0{,}3) \cdot 10^{-5} = 0{,}4 \cdot 10^{-5}\,,$$

$$\frac{b_1}{a_1 - y_1} = \frac{1{,}3 \cdot 10^{-5}}{0{,}4 \cdot 10^{-5}} = 3{,}25\,.$$

Nach Gl. (84) wird:

$$\frac{\lambda_m}{\alpha} = \frac{1}{\dfrac{b_1}{a_1 - y_1} - c_1} \cdot x\,.$$

Mit $\lambda_m = 0{,}8$ kcal/m h °C und $\alpha = 10$ kcal/m² h ° C wird:

$$\frac{0{,}8}{10} = \frac{1}{3{,}25 - 1{,}20} \cdot x = \frac{x}{2{,}05}\,.$$

Hieraus findet man die erforderliche Mauerwandstärke:

$$x = 2{,}05 \cdot \frac{0{,}8}{10} = 0{,}164 \text{ m}\,,$$

$$x = d_m \sim 165 \text{ mm}\,.$$

Nach Gl. (63) wird:

$$\varphi = \frac{\alpha\,d_m}{\lambda_m} + \frac{\alpha\,\delta_i}{\lambda_i} + \frac{\alpha\,d_e}{\lambda_e} = \frac{10 \cdot 0{,}165}{0{,}8} + \frac{10 \cdot 0{,}003}{0{,}16} + \frac{10 \cdot 0{,}4}{50}\,,$$

$$\varphi = 2{,}06 + 0{,}188 + 0{,}008 = 2{,}26\,.$$

Mit diesen Werten wird:

$$b_0 = \frac{m\,\alpha_m}{2(m - 1)} \cdot \frac{\varphi}{\varphi + 1} \cdot (t_i - t_a) = \frac{4 \cdot 0{,}6 \cdot 10^{-5}}{6} \cdot \frac{2{,}26}{3{,}26} \cdot 70 = 19{,}4 \cdot 10^{-5}\,,$$

$$c_0 = \frac{r\,p}{E_e} = \frac{150 \cdot 3}{21 \cdot 10^5} = 21{,}4 \cdot 10^{-5}\,,$$

$$q_0 = q + q_1 = 10 \cdot 10^{-5} + 21 \cdot 10^{-5} = 31 \cdot 10^{-5}\,.$$

Man erhält als Werte, die in Gl. (85) einzusetzen sind:

$$\begin{aligned}
n b_0\, x + c_0 &= 0{,}1 \cdot 19{,}4 \cdot 10^{-5} \cdot 16{,}5 + 21{,}4 \cdot 10^{-5} = 53{,}4 \cdot 10^{-5}\,, \\
n b_0\, x - c_0 &= 0{,}1 \cdot 19{,}4 \cdot 10^{-5} \cdot 16{,}5 - 21{,}4 \cdot 10^{-5} = -10{,}6 \cdot 10^{-5}\,, \\
4\,n c_0\, x q &= 4 \cdot 0{,}1 \cdot 21{,}4 \cdot 10^{-5} \cdot 16{,}5 \cdot 31 \cdot 10^{-5} = 4370 \cdot (10^{-5})^2\,, \\
q_0 - b_0 &= (31 - 19{,}4) \cdot 10^{-5} \qquad\qquad\qquad = 11{,}6 \cdot 10^{-5}\,.
\end{aligned}$$

Aus Gl. (85) erhält man mit diesen Werten:

$$d_e = \frac{53,4 \cdot 10^{-5} + \sqrt{10,6^2(10^{-5})^2 + 4370(10^{-5})^2}}{23,2 \cdot 10^{-5}}$$

$$d_e = \frac{53,4 + 67}{23,2} = \frac{120,4}{23,2} = 5,2 \text{ cm} ,$$

$$d_e = 52 \text{ mm} .$$

Nach Gl. (58) ist:

$$\sigma_{e_v} = \frac{q_0\, E_e}{1 + \dfrac{d_e\, E_e}{d_m\, E_m}} = \frac{31 \cdot 21}{1 + \dfrac{5,2}{16,5} \cdot 10} = \frac{31 \cdot 21}{4,15} = 157 \text{ kg/cm}^2 .$$

Die Vorspannung im Mauerwerk wird:

$$\sigma_{m_v} = \frac{m\, E_m\, \alpha_m}{(m-1)} \cdot \frac{\varphi}{\varphi + 1}\, (t_i - t_a) ,$$

$$\sigma_{m_v} = \frac{4 \cdot 2,1 \cdot 0,6}{3} \cdot \frac{2,26}{3,26} \cdot 70 = 81,5 \text{ kg/cm}^2 .$$

19. Aufgabe. Vergleiche die Ergebnisse von Aufgabe 17 und 18 miteinander und besprich die Vorteile und Nachteile der beiden Ausführungen.

Lösung: Vergleicht man die Zahlenwerte von Aufgabe 17 und 18 miteinander, so ergibt sich:

<table>
<tr><td colspan="2">Aufgabe 17 $(q = 30 \cdot 10^{-5})$</td><td colspan="2">Aufgabe 18 $(q = 10 \cdot 10^{-5})$</td></tr>
<tr><td>d_m</td><td>$= 55$ mm ,</td><td>d_m</td><td>$= 165$ mm ,</td></tr>
<tr><td>d_e</td><td>$= 20$ mm ,</td><td>d_e</td><td>$= 52$ mm ,</td></tr>
<tr><td>σ_{e_v}</td><td>$= 137$ kg/cm^2 ,</td><td>σ_{e_v}</td><td>$= 157$ kg/cm^2 ,</td></tr>
<tr><td>σ_{m_v}</td><td>$= 54$ kg/cm^2 ,</td><td>σ_{m_v}</td><td>$= 82$ kg/cm^2 .</td></tr>
</table>

Die fehlende Quellung der Aufgabe 18 ist also durch die dreifache Mauerwandstärke, durch die 2,6fache Eisenwandstärke, durch die 1,15fache Vorspannung im Eisen und durch die 1,52fache Vorspannung im Mauerwerk erkauft worden.

Die Zusatzquellung q_1 nach Gl. (62):

$$q_1 = \left(\alpha_e + \frac{\alpha_m}{2(m-1)} \right) \cdot \frac{(\varphi - \varphi_0)}{(\varphi_0 + 1)(\varphi + 1)} \cdot (t_i - t_a)$$

kann nur erreicht werden durch Vergrößerung von φ. Ist $\varphi = \varphi_0$, so ist $q_1 = 0$; wird $\varphi = \infty$, so erreicht q_1 seinen Größtwert $q_1 = 0,7 \cdot 10^{-5} \cdot (t_i - t_a)$. Nach Gl. (6) und Gl. (77) war nun:

$$\varphi = \frac{\alpha\, d_m}{\lambda_m} + \frac{\alpha\, \delta_i}{\lambda_i} + \frac{\alpha\, d_e}{\lambda_e} = N u_m + N u_i + N u_e .$$

Da von diesen drei NUSSELTschen Kenngrößen $N u_e$ für das Eisen im allgemeinen sehr klein ist, so wird φ nur von $N u_m$ für das Mauerwerk und von $N u_i$ für die isolierende Schutzschicht maßgebend beeinflußt. Ist auch $N u_i = 0$, ist also keine Schutzschicht vorhanden, so wird die Kenngröße φ gleich der NUSSELTschen Kenngröße $N u_m$ für das Mauerwerk. Man kann nun das gleiche φ erhalten durch kleine Ausmauerungsstärke d_m und großes α/λ_m oder durch großes d_m und kleines α/λ_m. Es ist besser und wirtschaftlicher, ein kleines d_m und ein großes α/λ_m zu wählen, weil dann die Größe $d_m\, E_m/E_e$ klein wird und somit auch die Eisenwandstärke d_e und die Vorspannung σ_{e_v} im Eisen kleiner gehalten werden können. Die Vorspannung σ_{m_v} im Mauerwerk wird nur durch φ beeinflußt.

20. Aufgabe. Dasselbe Gefäß wie in den Aufgaben 17, 18 und 19 soll für die große Wärmeübergangszahl $\alpha = 300$ kcal/m² h °C und für eine Wärmeleitzahl $\lambda_m = 1{,}6$ kcal/m h °C, ohne isolierende Schutzschicht, $\delta_i = 0$, berechnet werden.

Lösung: Zunächst wird die Zusatzquellung q_1 wieder gewählt mit

$$q_1 = 21 \cdot 10^{-5} .$$

Es ergibt sich:

$$y_1 = \frac{q_1}{t_i - t_a} = \frac{21 \cdot 10^{-5}}{70} = 0{,}3 \cdot 10^{-5} ,$$

$$\frac{\lambda_m}{\alpha} = \frac{1{,}6}{300} = 0{,}0053 ,$$

$$a_1 = 0{,}7 \cdot 10^{-5} ,$$

$$b_1 = 1{,}3 \cdot 10^{-5} ,$$

$$c_1 = 1 + \frac{\alpha \, d_e}{\lambda_e} = 1 + \frac{300 \cdot 0{,}03}{50} = 1{,}18 ,$$

$$a_1 - y_1 = (0{,}7 - 0{,}3) \cdot 10^{-5} = 0{,}4 \cdot 10^{-5} ,$$

$$\frac{b_1}{a_1 - y_1} = \frac{1{,}3}{0{,}4} = 3{,}25 .$$

Hierin wird:

$$\frac{\lambda_m}{\alpha} = \frac{1}{\dfrac{b_1}{a_1 - y_1} - c_1} ,$$

$$0{,}0053 = \frac{1}{3{,}25 - 1{,}18} \cdot x = \frac{x}{2{,}07} ,$$

$$x = 0{,}0053 \cdot 2{,}07 = 0{,}011 \text{ m} ,$$

$$x = d_m = 11 \text{ mm} .$$

Es genügt hier eine 11 mm dicke Ausmauerung. Die Kenngröße φ wird:

$$\varphi = \frac{\alpha \, d_m}{\lambda_m} + \frac{\alpha \, d_e}{\lambda_e} = \frac{300 \cdot 0{,}011}{1{,}6} + \frac{300 \cdot 0{,}03}{50} = 2{,}07 + 0{,}18 ,$$

$$\varphi = 2{,}25 .$$

Mit diesen Werten wird:

$$d_m \cdot \frac{E_m}{E_e} = 1{,}1 \cdot \frac{2{,}1}{21} = 0{,}11 .$$

b_0, c_0 und q_0 behalten den gleichen Wert wie oben, nämlich:

$$b_0 = 19{,}4 \cdot 10^{-5} ,$$
$$c_0 = 21{,}4 \cdot 10^{-5} ,$$
$$q_0 = 31 \cdot 10^{-5} .$$

Mit diesen Werten errechnet man:

$$n b_0 \, x + c_0 = 0{,}1 \cdot 19{,}4 \cdot 10^{-5} \cdot 1{,}1 + 21{,}4 \cdot 10^{-5} = (2{,}14 + 21{,}4) \cdot 10^{-5} = 23{,}54 \cdot 10^{-5} ,$$
$$n b_0 \, x - c_0 = 0{,}1 \cdot 19{,}4 \cdot 10^{-5} \cdot 1{,}1 - 21{,}4 \cdot 10^{-5} = -19{,}26 \cdot 10^{-5} ,$$
$$4 \, n c_0 \, x q = 4 \cdot 0{,}1 \cdot 21{,}4 \cdot 10^{-5} \cdot 1{,}1 \cdot 31 \cdot 10^{-5} = 292 \cdot (10^{-5})^2 ,$$
$$q_0 - b_0 = (31 - 19{,}4) \cdot 10^{-5} \qquad\qquad = 11{,}6 \cdot 10^{-5} .$$

Aus Gl. (85) erhält man mit diesen Werten:

$$d_e = \frac{23{,}54 \cdot 10^{-5} + \sqrt{19{,}26^2 \cdot (10^{-5})^2 + 292(10^{-5})^2}}{23{,}2 \cdot 10^{-5}}\,,$$

$$d_e = \frac{23{,}54 + \sqrt{662}}{23{,}2} = \frac{23{,}54 + 25{,}8}{23{,}2} = \frac{49{,}34}{23{,}2} = 2{,}12\ \text{cm}\,,$$

$$d = 22\ \text{mm}\,.$$

Die Vorspannung im Eisen wird nach Gl. (58):

$$\sigma_{e_v} = \frac{q_0\,E_e}{1 + \dfrac{d_e\,E_e}{d_m\,E_m}} = \frac{31 \cdot 21}{1 + \dfrac{22}{11} \cdot \dfrac{2{,}1}{21}} = \frac{31 \cdot 21}{21} = 31\ \text{kg/cm}^2\,,$$

$$\sigma_{m_v} = \frac{m\,E_m\,\alpha_m}{(m-1)} \cdot \frac{\varphi}{\varphi + 1}\,(t_i - t_a) = \frac{4 \cdot 2{,}1 \cdot 0{,}6}{3} \cdot \frac{2{,}25}{3{,}25} \cdot 70 = 82\ \text{kg/cm}^2\,.$$

Man erkennt, wie durch Vergrößern des Wertes α/λ_m

$$\text{von}\ \frac{\alpha}{\lambda_m} = \frac{10}{0{,}8} = 12{,}5$$

$$\text{auf}\ \frac{\alpha}{\lambda_m} = \frac{300}{1{,}6} = 188\,,$$

die Mauerwandstärke auf $d_m = 11$ mm und die Eisenwandstärke auf $d_e = 22$ mm vermindert werden konnte. Der letzte hohe Wert $\alpha/\lambda_m = 188$ könnte durch ein den eisernen Behälter umgebendes Wasserbad erreicht werden. Mit einem $\alpha/\lambda_m = 44{,}4$, $\alpha = 71$, erhielte man $d_m = 50$ mm und $d_e = 31$ mm. Diese Beispiele, die zwar nur einen theoretischen Wert haben, sollten vor allem den Einfluß der verschiedenen Faktoren in das rechte Licht setzen.

III. Die Grenzgeraden im Temperatur-Diagramm.

Im vereinten Temperatur-Diagramm für Wärmedurchgang und Wärmedehnung in Abb. 6 lassen sich zwei Grenzgerade für eine Maximumtemperatur $t_{e_{max}}$ und für eine Minimumtemperatur $t_{e_{min}}$ angeben. Die Gerade für $t_{e_{max}}$ ist die Gleichgewichtsgerade durch den Ausmauerungspunkt A. Treten höhere Temperaturen t_e auf, so tritt Loslösung des Mauerwerkes vom Eisenmantel ein. Läßt man die Temperatur niedriger werden, so tritt, wie bereits erwähnt, eine Anpressung des Mauerwerkes an das Eisen ein. Das Eisen darf nun aber nur bis zu einer gewissen zulässigen Höchstbeanspruchung belastet werden. Aus diesen Überlegungen geht das Vorhandensein einer zweiten, der unteren Grenzgeraden, hervor. Die Gerade für $t_{e_{min}}$ wird also durch die zulässige Höchstbeanspruchung des Eisens $\sigma_{e_{max}}$ bestimmt. Um eine Formel für $\Delta t_e = t_{e_{max}} - t_{e_{min}}$ aufstellen zu können, greift man auf Gl. (39) zurück und löst sie nach $(\sigma_{e_z})_\varphi$ auf:

$$(\sigma_{e_z})_\varphi = \frac{\Delta t_e \left[\alpha_e + \dfrac{\alpha_m}{2(m-1)}\right] \cdot E_e}{\left(1 + \dfrac{d_e\,E_e}{d_m\,E_m}\right)} = \frac{q' \cdot E_e}{\left(1 + \dfrac{d_e\,E_e}{d_m\,E_m}\right)}\,. \tag{94}$$

Vergleicht man Gl. (94) mit Gl. (32), so erkennt man, daß in Gl. (94) nur q durch

$$q' = \Delta t_e \left[\alpha_e + \frac{\alpha_m}{2(m-1)}\right]$$

ersetzt ist. Auch für den vorliegenden Fall gilt die Gl. (32). Nur sind in dieser zu setzen:

$$\left. \begin{aligned} \sigma_{e_v} &= \sigma_{e_{max}} - \frac{r\,p}{d_v} = \sigma' \\[2mm] \text{und} \quad q' &= \Delta t_e \left[\alpha_e + \frac{\alpha_m}{2(m-1)}\right] + q \end{aligned} \right\} . \tag{94a}$$

Hiermit wird dann:

$$\left(\sigma_{e_{max}} - \frac{r\,p}{d_e}\right) = \frac{\Delta t_e \left[\alpha_e + \dfrac{\alpha_m}{2(m-1)}\right] + q}{\left(1 + \dfrac{d_e\,E_e}{d_m\,E_m}\right)} \cdot E_e .$$

Löst man diese Gleichung nach $\Delta t_e = t_{e_{max}} - t_{e_{min}}$ auf, so erhält man:

$$t_{e_{max}} - t_{e_{min}} = \frac{\dfrac{\left(\sigma_{e_{max}} - \dfrac{r\,p}{d_e}\right)}{E_e} \cdot \left(1 + \dfrac{d_e\,E_e}{d_m\,E_m}\right) - q}{\alpha_e + \dfrac{\alpha_m}{2(m-1)}} \tag{95}$$

Im t_e, t_i-Diagramm, Abb. 13, sind zwei solcher Grenzgeraden eingetragen. Die beiden Geraden fallen zusammen, wenn der Zähler in Gl. (95) zu Null wird. Dies tritt ein für:

$$\left(\sigma_{e_{max}} - \frac{r\,p}{d_e}\right) \cdot \left(1 + \frac{d_e\,E_e}{d_m\,E_m}\right) = q \cdot E_e$$

oder für:

$$\sigma_{e_{max}} = \frac{q \cdot E_e}{\left(1 + \dfrac{d_e\,E_e}{d_m\,E_m}\right)} + \frac{r\,p}{d_e}$$

$$= \sigma_{ev} + \sigma_{e_p},$$

d. h. wenn die Summe von Vorspannung und Lastspannung gerade gleich der zulässigen

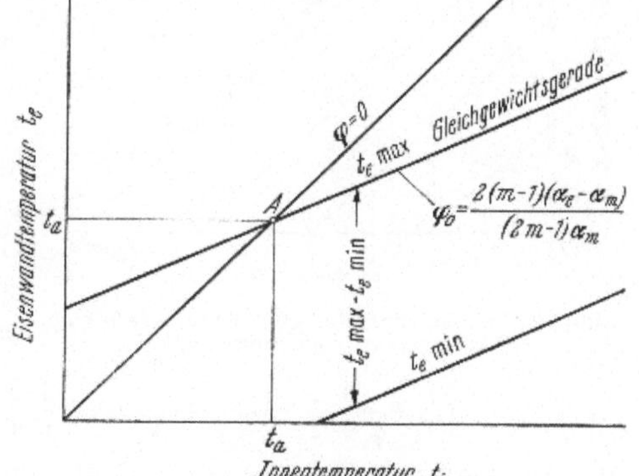

Abb. 13. Grenztemperaturgeraden.

Maximalspannung wird. Je geringer Vorspannung und Lastspannung sind, um so größer wird der zwischen $t_{e_{max}}$ und $t_{e_{min}}$ liegende Wirkungs-bereich.

In der Quellgröße q der Gl. (95) ist noch p enthalten, deshalb ist es zweckmäßig, q aus Gl. (33) in Gl. (95) einzusetzen und dann die Gl. (95) nach $\Delta t = t_{e_{max}} - t_{e_{min}}$ aufzulösen. Man findet folgendes Endergebnis:

$$\Delta t = - A\,p + B\,. \tag{96}$$

Hierin bedeuten:

$$A = \frac{r\,d_m\,E_m}{d_e^2\,E_e^2} \cdot \left(1 + \frac{d_e\,E_e}{d_m\,E_m}\right)^2 \cdot \frac{2(m-1)}{2(m-1)\,\alpha_e + \alpha_m}\,,$$

$$B = \frac{2(m-1)\left[1 + \dfrac{d_e\,E_e}{d_m\,E_m}\right]}{2(m-1)\,\alpha_e + \alpha_m} \cdot \left[\frac{\sigma_{e_{max}}}{E_e} - \frac{d_m\,E_m}{d_e\,E_e} \cdot \frac{m\,\alpha_m(\alpha_e - \alpha_m)\,(t_i - t_a)}{2(m-1)\,\alpha_e + \alpha_m}\right] \tag{97}$$

In einem Δt, p-Diagramm stellt Gl. (96) eine Gerade dar. In Abb. 14 sind mehrere Gerade für $\sigma_{e_{max}} = 1000$, 800, 600 und 400 kg/cm² gezeichnet. Dem Beispiel liegen folgende Daten zugrunde:

$$\begin{array}{lll} r = 300 \text{ cm} & E_m = 2,1 \cdot 10^5 \text{ kg/cm}^2 & \alpha_e = 1,2 \cdot 10^{-5}\ \text{grad}^{-1} \\ d_m = 12 \text{ cm} & E_e = 21 \cdot 10^5 \text{ kg/cm}^2 & m = 4 \\ d_e = 3 \text{ cm} & \alpha_m = 0,6 \cdot 10^{-5}\ \text{grad}^{-1} & t_i - t_a = 110\ °\text{C}. \end{array}$$

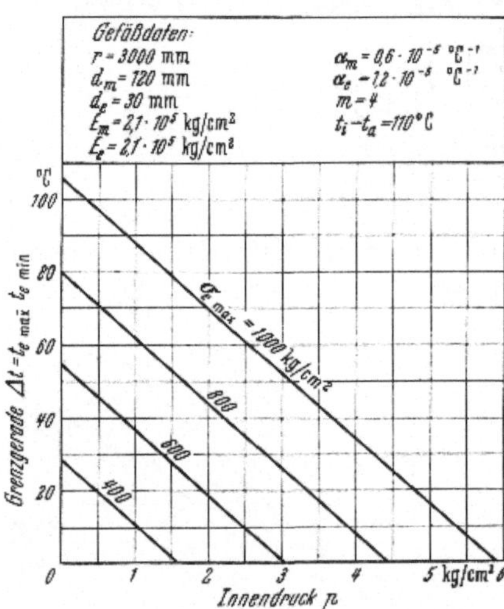

Abb. 14. Temperaturabstand der Grenzgeraden Δt in Abhängigkeit vom Innendruck p.

Die Neigung der geraden Linien A ist unabhängig von $\sigma_{e_{max}}$, so daß die Geraden für alle $\sigma_{e_{max}}$ parallel sein müssen. Mit kleiner werdendem $\sigma_{e_{max}}$ werden die Werte B für $p = 0$ und B/A für $\Delta t = 0$ kleiner.

Hat beispielsweise der obige Behälter eine Innentemperatur von $t_i = 140°\,$C, einen Innendruck von $p = 3$ atü, so ist die Spannung im Eisenmantel 600 kg/cm². Bei einer Umgebungstemperatur $t_0 = 30°\,$C und einer NUSSELTschen Größe von $\varphi = 0{,}86$ ist nach Gl. (5) die Eisenwandtemperatur:

$$t_e = \frac{1}{\varphi + 1}\,t_i + \frac{\varphi}{\varphi + 1} \cdot t_0 = \frac{140}{1{,}86} + \frac{0{,}86}{1{,}86} \cdot 30 = 89°\ \text{C}\,.$$

Tritt nun plötzlich durch äußere kalte Regenberieselung eine Abkühlung der Eisenwandtemperatur von 89° C auf 64° C um $\Delta t = 25°$ C ein, so erhöht sich die Spannung im Eisenmantel von 600 kg/cm² auf 800 kg/cm².

21. Aufgabe. Um wieviel erhöht sich die Quellgröße q und die Vorspannung im Eisenmantel σ_{e_0} bei einer Temperaturerniedrigung von 35° C, wenn die Eisenwandstärke $d_e = 20$ mm, die Mauerwandstärke 100 mm beträgt, die Elastizitätsmoduln des Mauerwerkes $E_m = 2,1 \cdot 10^5$ kg/cm² und des Eisens $E_e = 21 \cdot 10^5$ kg/cm², die Wärmedehnzahlen des Eisens mit $\alpha_e = 1,2 \cdot 10^{-5}$ grad^{-1} und des Mauerwerkes mit $\alpha_m = 0,6 \cdot 10^{-5}$ grad^{-1} sowie die Querkontraktionszahl des Mauerwerkes mit $m = 4$ gegeben sind.

Lösung: Nach Gl. (94a) ist:

$$\Delta q = \Delta t_e \left[\alpha_e + \frac{\alpha_m}{2(m-1)}\right] = 35 \cdot \left[1,2 \cdot 10^{-5} + \frac{0,6 \cdot 10^{-5}}{2 \cdot 3}\right],$$

$$\Delta q = 35 \cdot 1,3 \cdot 10^{-5} = 45,5 \cdot 10^{-5}.$$

Nach Gl. (94) wird hiermit:

$$\Delta \sigma_e = \frac{\Delta q \cdot E_e}{\left(1 + \dfrac{d_e \, E_e}{d_m \, E_m}\right)} = \frac{45,5 \cdot 10^{-5} \cdot 21 \cdot 10^5}{\left(1 + \dfrac{2 \cdot 21}{10 \cdot 2,1}\right)} = \frac{45,5 \cdot 21}{3},$$

$$\Delta \sigma_e = 318,5 \text{ kg/cm}^2.$$

22. Aufgabe. Wie groß darf bei einem Druckgefäß die Temperaturdifferenz der beiden Grenzgeraden höchstens ausgeführt werden, damit die zugelassene Spannung $\sigma_{e_{max}} = 500$ kg/cm² nicht überschritten wird? Gegeben sind:

$$
\begin{aligned}
p &= 5 \text{ atü} & E_e &= 21 \cdot 10^5 \text{ kg/cm}^2, \\
r &= 1500 \text{ mm } \varnothing & E_m &= 2,1 \cdot 10^5 \quad ,, \quad , \\
d_e &= 20 \text{ mm} & \alpha_e &= 1,2 \cdot 10^{-5} \text{ grad}^{-1}, \\
d_m &= 100 \text{ mm} & \alpha_m &= 0,6 \cdot 10^{-5} \quad ,, \quad , \\
t_i - t_a &= 70^\circ \text{ C} & m &= 4.
\end{aligned}
$$

Lösung: Man rechnet zunächst die Werte A und B der Gl. (97) aus:

$$A = \frac{150 \cdot 10 \cdot 2,1 \cdot 10^5}{4 \cdot 21 \cdot 21 \cdot 10^5 \cdot 10^5}\left(1 + \frac{2 \cdot 21}{10 \cdot 2,1}\right)^2 \cdot \frac{2 \cdot 3}{2 \cdot 3 \cdot 1,2 \cdot 10^{-5} + 0,6 \cdot 10^{-5}},$$

$$A = \frac{150 \cdot 3,8 \cdot 6}{4 \cdot 21 \cdot 7,8} = \frac{900 \cdot 3,8}{84 \cdot 7,8} = 5,21,$$

$$B = \frac{6 \cdot \left(1 + \dfrac{2 \cdot 21}{10 \cdot 2,1}\right)}{6 \cdot 1,2 \cdot 10^{-5} + 0,6 \cdot 10^{-5}} \cdot \left[\frac{500}{21 \cdot 10^5} - \frac{10 \cdot 2,1 \cdot 4}{2 \cdot 21} \frac{0,6 \cdot 10^{-5} \cdot 0,6 \cdot 10^{-5} \cdot 70}{6 \cdot 1,2 \cdot 10^{-5} + 0,6 \cdot 10^{-5}}\right],$$

$$B = \frac{6,3}{7,8 \cdot 10^{-5}} \cdot [23,8 \cdot 10^{-5} - 6,47 \cdot 10^{-5}] = \frac{18 \cdot 17,33 \cdot 10^{-5}}{7,8 \cdot 10^{-5}} = 40.$$

Nach Gl. (96) wird nun:

$$\Delta t = -5,21 \cdot 5 + 40 = 13,95.$$

Die Temperaturdifferenz bei $p = 5$ atü darf höchstens $\Delta t = 14^\circ$ C werden.

23. Aufgabe. Welchem höchsten Innendruck p_{max} darf das ausgemauerte Gefäß der vorigen Aufgabe bei $\sigma_{e_{max}} = 500$ kg/cm² ausgesetzt werden?

Lösung: Der höchste Innendruck p_{max} entspricht der obersten Grenzgeraden für $\Delta t = 0$. Man hat deshalb in Gl. (96) $\Delta t = 0$ zu setzen und erhält:

$$p_{max} = \frac{B}{A} = \frac{40}{5,21} = 7,7 \text{ kg/cm}^2.$$

24. Aufgabe. Welchen größten Temperaturunterschied Δt_{max} erhalten die Grenzgeraden der Aufgabe 22, wenn kein Innendruck im Gefäß herrscht?

Lösung: Nach Gl. (96) wird für $p = 0$:

$$t_{max} = B = 40^\circ \text{ C}.$$

IV. Das außen isolierte, ausgemauerte Gefäß.

1. Allgemeine Betrachtungen.

Im allgemeinen werden ausgemauerte Gefäße außen nicht isoliert, weil schon das Mauerwerk selbst wegen seiner schlechten Wärmeleitfähigkeit ($\lambda = 0{,}7$ bis $1{,}6$ kcal/m h °C) einen guten Wärmeisolator darstellt. Ferner soll ja gerade wegen seiner viel höheren Wärmedehnzahl das Eisen kälter sein als das Mauerwerk, um ein Ablösen des Mauerwerkes vom Eisen zu verhindern. Zuweilen wird jedoch bei ausgemauerten Destillierblasen die zunächst paradox erscheinende Forderung erhoben, aus wirtschaftlichen Gründen auch die ausgemauerte Destillierblase außen noch gut zu isolieren. Bei einer solchen Blase weichen dann die Temperaturen von Eisen und Mauerwerk sehr wenig voneinander ab. Die natürliche Folge hiervon ist, daß die Wärmedehnung ε_e des Eisens erheblich größer wird als die Wärmedehnung ε_m des Mauerwerkes. Diese fehlende Wärmedehnung des Mauerwerkes muß durch eine mittels Vorspannung beim Ausmauern erzeugte Druckstauchung ergänzt werden. Der Druckstauchung des Mauerwerkes entspricht nun eine gleichzeitige Zugdehnung des Eisens. Da diese proportional der Ausmauerungsstärke d_m ist, sollte zur Vermeidung hoher Beanspruchung im Eisen die Mauerdicke d_m möglichst klein gewählt werden.

2. Ableitung der Berechnungsgrundlagen.

Zur Ableitung der Berechnungsgrundlagen sind auf Abb. 15 die Wärmedurchgangsverhältnisse ähnlich Abb. 2 im Schema skizziert.

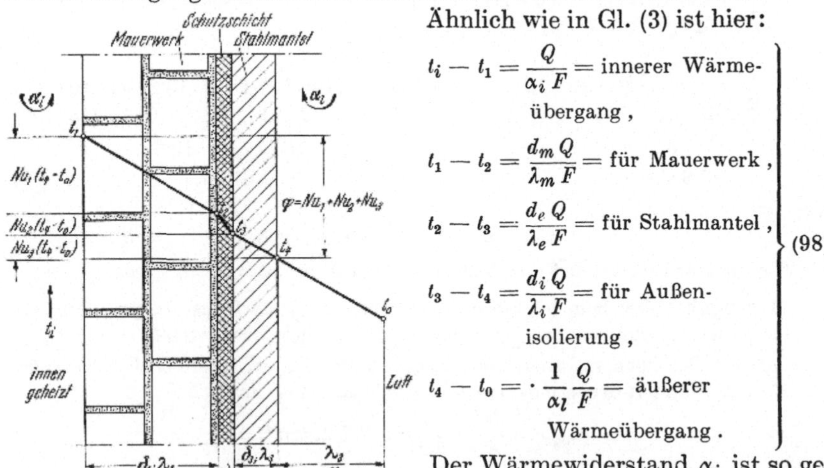

Abb. 15. Temperaturverlauf in Wand und Isolierung eines ausgemauerten, außen isolierten Gefäßes.

Ähnlich wie in Gl. (3) ist hier:

$$\left.\begin{aligned}
t_i - t_1 &= \frac{Q}{\alpha_i F} = \text{innerer Wärme-} \\
&\qquad\text{übergang}, \\
t_1 - t_2 &= \frac{d_m\,Q}{\lambda_m F} = \text{für Mauerwerk}, \\
t_2 - t_3 &= \frac{d_e\,Q}{\lambda_e F} = \text{für Stahlmantel}, \\
t_3 - t_4 &= \frac{d_i\,Q}{\lambda_i F} = \text{für Außen-} \\
&\qquad\text{isolierung}, \\
t_4 - t_0 &= \cdot\frac{1}{\alpha_l}\frac{Q}{F} = \text{äußerer} \\
&\qquad\text{Wärmeübergang}.
\end{aligned}\right\} \quad (98)$$

Der Wärmewiderstand α_i ist so gering, daß praktisch ($t_i - t_1$) gleich Null gesetzt werden kann, so daß $t_i = t_1$ wird. Die maßgebenden Nusseltschen Zahlen des Problems sind hier:

$$\left.\begin{aligned}
\frac{t_1 - t_2}{t_4 - t_0} &= \alpha_l \cdot \frac{d_m}{\lambda_m} = Nu_1\,, \\[2mm]
\frac{t_2 - t_3}{t_4 - t_0} &= \alpha_l \cdot \frac{d_e}{\lambda_e} = Nu_2\,, \\[2mm]
\frac{t_3 - t_4}{t_4 - t_0} &= \alpha_l \cdot \frac{d_i}{\lambda_i} = Nu_3\,.
\end{aligned}\right\} \qquad (99)$$

Durch Addition dieser drei Gleichungen findet man:

$$t_1 - t_4 = (t_4 - t_0)\,(Nu_1 + Nu_2 + Nu_3) = (t_4 - t_0) \cdot \varphi_3\,. \qquad (100)$$

Hierbei wird:

$$\varphi_3 = Nu_1 + Nu_2 + Nu_3 = \frac{\alpha_l\, d_m}{\lambda_m} + \frac{\alpha_l\, d_e}{\lambda_e} + \frac{\alpha_l\, d_i}{\lambda_i} \qquad (101)$$

genannt. Aus Gl. (100) folgt:

$$t_1 = t_4 + (t_4 - t_0) \cdot \varphi_3\,. \qquad (102)$$

Aus Gl. (99) ergibt sich ferner:

$$\begin{aligned}
t_2 &= t_1 - (t_4 - t_0) \cdot Nu_1\,, \\
t_3 &= t_2 - (t_4 - t_0) \cdot Nu_2 = t_1 - (t_4 - t_0)\,(Nu_1 + Nu_2) \\
t_3 &= t_1 - (t_4 - t_0) \cdot \varphi_2\,.
\end{aligned} \qquad (103)$$

Hierin ist:

$$\varphi_2 = Nu_1 + Nu_2 = \frac{\alpha_l\, d_m}{\lambda_m} + \frac{\alpha_l\, d_e}{\lambda_e}\,. \qquad (104)$$

Mit $t_1 = t_i$ und $t_3 = t_e$ wird nun:

$$t_e = t_i - (t_4 - t_0) \cdot \varphi_2\,. \qquad (105)$$

In φ_2 kann aber die Nusseltsche Zahl Nu_2 für das Eisen vernachlässigt werden, so daß wird:

$$\varphi_2 = \varphi_1 = Nu_1 = \alpha_l\, \frac{d_m}{\lambda_m}\,. \qquad (106)$$

Aus Gl. (102) findet man:

$$t_4 = \frac{t_1 + t_0\, \varphi_3}{\varphi_3 + 1}$$

$$\text{ferner} \quad t_4 - t_0 = \frac{t_1 + t_0\, \varphi_3}{\varphi_3 + 1} - t_0 = \frac{t_1 - t_0}{\varphi_3 + 1}\,. \qquad (107)$$

Hiermit wird Gl. (105):

$$t_e = t_i - \frac{(t_i - t_0)}{\varphi_3 + 1} \cdot \varphi_2\,,$$

da aber $t_i = t_1$ ist:

$$t_e = t_i - \frac{(t_i - t_0)}{\varphi_3 + 1} \cdot \varphi_2\,,$$

$$t_e = \frac{t_i(\varphi_3 + 1 - \varphi_2) + t_0\, \varphi_2}{\varphi_3 + 1}\,.$$

Nun ist aber:

$$\varphi_3 - \varphi_2 + 1 = Nu_1 + Nu_2 + Nu_3 - (Nu_1 + Nu_2) + 1 \,,$$

$$\varphi_3 + 1 - \varphi_2 = Nu_3 + 1 \,,$$

also
$$t_e = \frac{t_i(Nu_3 + 1) + t_0\,\varphi_2}{Nu_1 + Nu_2 + Nu_3 + 1} \,,$$

$$t_e = t_i \cdot \frac{(Nu_3 + 1)}{Nu_1 + Nu_2 + Nu_3 + 1} + t_0 \cdot \frac{Nu_1 + Nu_2}{Nu_1 + Nu_2 + Nu_3 + 1} \,,$$

$$t_e = t_i \cdot \frac{1}{1 + \dfrac{Nu_1 + Nu_2}{Nu_3 + 1}} + t_0 \cdot \frac{1}{1 + \dfrac{Nu_3 + 1}{Nu_1 + Nu_2}} \,.$$

Setzt man nun:

$$\frac{Nu_1 + Nu_2}{Nu_3 + 1} = \varphi \,,$$

so wird

$$t_e = t_i \cdot \frac{1}{1 + \varphi} + t_0 \cdot \frac{1}{1 + \dfrac{1}{\varphi}}$$

oder

$$t_e = \frac{1}{\varphi + 1} \cdot t_i + \frac{\varphi}{\varphi + 1} \cdot t_0 \tag{108}$$

mit

$$\varphi = \frac{\alpha_l \dfrac{d_m}{\lambda_m} + \alpha_l \dfrac{d_e}{\lambda_e}}{1 + \alpha_l \dfrac{d_i}{\lambda_i}} \,. \tag{109}$$

Gl. (108) stimmt in ihrem Aussehen vollkommen mit Gl. (5) überein und ist wie diese ebenso eine Gleichung des Wärmedurchgangsproblemes. Nur unterscheidet sich die Größe φ in Gl. (109) von der Größe φ in Gl. (6) dadurch, daß die Summe der NUSSELTschen Zahlen $(Nu_1 + Nu_2)$ für Mauerwerk und Eisen noch durch den Nenner $(1 + Nu_3)$ mit Nu_3 für die Außenisolierung zu dividieren ist. Hat die äußere Isoliermasse eine sehr geringe Wärmeleitfähigkeit λ_i, wie es ja stets der Fall ist, so wird die NUSSELTsche Zahl $Nu_3 = \alpha_l\, d_i/\lambda_i$ sehr groß, im Grenzfall für $\lambda_i = 0$ zu ∞. Dann wird aber $\varphi = 0$ und gemäß Gl. (108) $t_e = t_i$. Das heißt: Bei sehr guter Außenisolierung wird das Eisen genau so heiß wie die innere Flüssigkeit. Ist gar keine äußere Isolierung vorhanden, so ist $Nu_3 = 0$ und die Größe φ der Gl. (109) geht in die Größe φ der Gl. (6) über.

Ein praktisches Beispiel soll sogleich zeigen, welche hohen Eisentemperaturen hier auftreten: Für ein stählernes Gefäß mit $d_e = 10$ mm dickem Eisenmantel ($\lambda_e = 50$ kcal/m h °C), mit $d_m = 50$ mm starker Mauerwand ($\lambda_m = 0{,}75$ kcal/m h °C) und mit einer Außenisolierung von 100 mm Stärke ($\lambda_i = 0{,}05$ kcal/m h °C) möge die Innentemperatur $t_i = 130°$ C und die Umgebungstemperatur $t_0 = 30°$ C gegeben sein. α_l möge mit 12 kcal/m² h° C bekannt sein. Wie groß wird die Temperatur t_e des Eisenmantels? Hierfür wird:

$$Nu_1 = \alpha_l \frac{d_m}{\lambda_m} = \frac{12 \cdot 0,05}{0,75} = 0,8 ,$$

$$Nu_2 = a_l \frac{d_e}{\lambda_e} = \frac{12 \cdot 0,01}{50} = 0,0024 ,$$

$$Nu_3 = \alpha_l \frac{d_i}{\lambda_i} = \frac{12 \cdot 0,1}{0,05} = 24 .$$

Nach Gl. (109) wird:

$$\varphi = \frac{0,8 + 0,0024}{1 + 24} = 0,0321 .$$

Aus Gl. (108) folgt dann:

$$t_e = 130 \cdot \frac{1}{1,0321} + 30 \cdot \frac{0,0321}{1,0321} = 126 + 0,93 = 126,93 \sim 127° \text{C}.$$

Das Eisen hat eine Temperatur von 127° C angenommen, die nur um 3° C kleiner als die Innentemperatur $t_i = 130°$ C ist. Um die Außentemperatur t_4 der Isolierung zu erhalten, benutzt man die dritte der Gl. (99):

$$\frac{t_3 - t_4}{t_4 - t_0} = \frac{\alpha_l d_i}{\lambda_i} = 24 .$$

Mit $t_3 = t_e = 127°$ C findet man aus dieser Gleichung:

$$t_4 = \frac{t_3 + 24 t_0}{24 + 1} = \frac{127 + 24 \cdot 30}{25} = 33,9° \text{C}.$$

In diesen für den Wärmeverlust günstigen, für die relativen Wärmedehnungen zwischen Eisen und Mauerwerk aber äußerst ungünstigen Temperaturverhältnissen liegt die große Schwierigkeit des Ausmauerungsproblemes außen isolierter stählerner Gefäße.

Beim Dehnungsproblem betrachtet man wieder die Dehnung des Eisenmantels bei der Erwärmung von der Ausmauerungstemperatur t_a bis zur Eisenwandtemperatur t_e:

$$\varepsilon_e = \alpha_e (t_e - t_a), \tag{110}$$

ferner die Dehnung des Mauerwerkes:

$$\varepsilon_m = \alpha_m (t_i - t_a) .$$

Das Mauerwerk müßte also durch Vorspannung eine Druckstauchung beim Ausmauern erfahren:

$$\varepsilon_{m_v} = \varepsilon_e - \varepsilon_m = \alpha_e(t_e - t_a) - \alpha_m(t_i - t_a) . \tag{111}$$

$$\varepsilon_{m_v} = \varepsilon_e - \varepsilon_m = (\alpha_e t_e - \alpha_m t_i) - t_a(\alpha_e - \alpha_m) . \tag{111a}$$

Dieser Dehnung entspricht eine Druckvorspannung von:

$$\sigma_{m_v} = \varepsilon_{m_v} \cdot E_m \tag{112}$$

und einem Vorspannungsdruck p_v von:

$$p_v = \sigma_{m_v} \frac{d_m}{r} . \tag{113}$$

Hieraus ergibt sich die Eisendehnung:

$$\varepsilon_{e_v} = \frac{r \cdot p_v}{d_e\, E_e} = \frac{r \cdot \sigma_{m_v} \dfrac{d_m}{r}}{d_e\, E_e} = \frac{r \cdot \dfrac{\varepsilon_{m_v} \cdot E_m \cdot d_m}{r}}{d_e\, E_e}$$

$$\varepsilon_{e_v} = \varepsilon_{m_v} \cdot \frac{E_m\, d_m}{E_e\, d_e}. \tag{114}$$

Gl. (114) ist naturgemäß dieselbe Gleichung wie Gl. (28). Die erforderliche Quellung nach Gl. (7) wird somit:

$$q \geqq \varepsilon_{m_v} + \varepsilon_{e_v} = \varepsilon_{m_v}\left(1 + \frac{d_m\, E_m}{d_e\, E_e}\right).$$

Setzt man hierin den Wert aus Gl. (111) ein, so findet man:

$$q \geqq \left(1 + \frac{d_m\, E_m}{d_e\, E_e}\right) \cdot \left[\alpha_e(t_e - t_a) - \alpha_m(t_i - t_a)\right].$$

Ist auch noch ein Innendruck p im Gefäß, so tritt zu der Wärmedehnung noch die Dehnung durch Druck p hinzu. Es wird dann:

$$q \geqq \left(1 + \frac{d_m\, E_m}{d_e\, E_e}\right) \cdot \left[\alpha_e(t_e - t_a) - \alpha_m(t_i - t_a) + \frac{r\, p}{d_e\, E_e}\right]. \tag{115}$$

Wendet man diese Formel auf obiges Beispiel an, so ist für $t_a = t_0 = 30°$ C: $p = 0$, $d_m = 50$ mm, $d_e = 10$ mm, $E_m = 2{,}1 \cdot 10^5$, $E_e = 21 \cdot 10^5$, $\alpha_e = 1{,}2\ 10^{-5}$, $\alpha_m = 0{,}6\ 10^{-5}$.

$$q \geqq \left(1 + \frac{5 \cdot 2{,}1}{1 \cdot 21}\right) \cdot [1{,}2 \cdot 10^{-5} \cdot 97 - 0{,}6 \cdot 10^{-5} \cdot 100],$$

$$q \geqq 1{,}5 \cdot (116 - 60) \cdot 10^{-5} = 1{,}5 \cdot 56 \cdot 10^{-5} = 84 \cdot 10^{-5}.$$

Hierdurch würde die hohe Vorspannung im Eisen entstehen von:

$$\sigma_{e_v} = \frac{q \cdot E_e}{\left(1 + \dfrac{d_3\, E_e}{d_m\, E_m}\right)} = \frac{84 \cdot 10^{-5} \cdot 21 \cdot 10^5}{3} = 588 \text{ kg/cm}^2.$$

Man erkennt aus diesen Untersuchungen, daß das außen gut isolierte stählerne Gefäß hohe Quellfähigkeit q des Mauerwerkes erfordert und hohe Beanspruchungen des Eisens ergibt. Während bis vor kurzem Ausmauerungen isolierter eiserner Gefäße fast unmöglich erschienen, rückt doch eine solche Ausmauerung heute in den Bereich der Möglichkeit, da die Farbwerke Hoechst neuerdings Versuche mit großer Quellfähigkeit des Mauerwerks durchführen.

25. Aufgabe. Ein stählerner Behälter von $D = 2r = 2000$ mm $\varnothing$ mit $d_e = 15$ mm Eisenwandstärke, $d_m = 40$ mm Mauerwandstärke steht unter einem Innendruck von $p = 3$ atü und besitzt eine Innentemperatur von $t_i = 140°$ C. Die Ausmauerungstemperatur war $t_a = t_0 = 30°$ C. Der Behälter wird außen gut, $d_i = 100$ mm stark, isoliert. Gegeben sind folgende Größen:

$$
\begin{aligned}
r &= 100\ \text{cm} & \alpha_l &= 10\ \text{kcal/m}^2\,\text{h}\,^\circ\text{C} & \lambda_m &= 0{,}75\ \text{kcal/m h}\,^\circ\text{C,} \\
d_e &= 1{,}5\ \text{cm} & E_m &= 2{,}1 \cdot 10^5\ \text{kg/cm}^2 & \lambda_e &= 50 \qquad ,, \qquad , \\
d_m &= 4{,}0\ \text{cm} & E_e &= 21 \cdot 10^5 \quad ,, & \lambda_i &= 0{,}05 \qquad ,, \qquad , \\
d_i &= 10\ \text{cm} & \alpha_e &= 1{,}2 \cdot 10^{-5}\ \text{grad}^{-1}, \\
t_i &= 140^\circ\,\text{C} & \alpha_m &= 0{,}6 \cdot 10^{-5} \quad ,, \quad , \\
t_0 &= t_a = 30^\circ\,\text{C} & p &= 3\ \text{atü},
\end{aligned}
$$

Wintertemp. $t_w = -\,5^\circ\,\text{C}$.

Wie groß ist die Eisenwandtemperatur t_e, wie groß wird die erforderliche Quellgröße q, wie groß werden die Eisenspannungen σ_{e_v}, σ_{e_p}, $(\sigma_{e_z})_t$ und die Mauerwerksspannungen σ_{m_v}, $(\sigma_{m_z})_t$?

Lösung: Nach Gl. (99) sind:

$$
Nu_1 = \alpha_l \frac{d_m}{\lambda_m} = \frac{10 \cdot 0{,}04}{0{,}75} = 0{,}54\ ,
$$

$$
Nu_2 = \alpha_l \frac{d_e}{\lambda_e} = \frac{10 \cdot 0{,}015}{50} = 0{,}003\ ,
$$

$$
Nu_3 = \alpha_l \frac{d_i}{\lambda_i} = \frac{10 \cdot 0{,}1}{0{,}05} = 20\ .
$$

Nach Gl. (109) wird:

$$
\varphi = \frac{Nu_1 + Nu_2}{1 + Nu_3} = \frac{0{,}535 + 0{,}003}{1 + 20} = 0{,}026\ ,
$$

nach Gl. (108) wird:

$$
t_e = \frac{140}{1{,}026} + \frac{0{,}026}{1{,}026} \cdot 30 = 137 + 0{,}76 \cong \underline{138^\circ\,\text{C}}\ .
$$

Die erforderliche Quellgröße errechnet man nach Gl. (115) zu:

$$
q = \left(1 + \frac{4 \cdot 2{,}1}{1{,}5 \cdot 21}\right) \cdot \left[1{,}2 \cdot 10^{-5} \cdot 108 - 0{,}6 \cdot 10^{-5} \cdot 110 + \frac{100 \cdot 3}{1{,}5 \cdot 21 \cdot 10^5}\right],
$$

$$
q = 1{,}266 \cdot [129{,}6 - 66 + 9{,}55] \cdot 10^{-5} = 1{,}266 \cdot 73{,}2 \cdot 10^{-5} = 92{,}5 \cdot 10^{-5}\ ,
$$

$$
q = 93 \cdot 10^{-5}\ .
$$

Die Vorspannung wird nach Gl. (32):

$$
\sigma_{e_v} = \frac{q \cdot E_e}{\left(1 + \dfrac{d_e\,E_e}{d_m\,E_m}\right)} = \frac{93 \cdot 10^{-5} \cdot 21 \cdot 10^5}{\left(1 + \dfrac{15 \cdot 21}{40 \cdot 2{,}1}\right)} = \frac{93 \cdot 21}{4{,}75} = \underline{410\ \text{kg/cm}^2}\ .
$$

Die Spannung im Eisen durch Innendruck p wird nach Gl. (34):

$$
\sigma_{e_p} = \frac{r\,p}{d_e} = \frac{100 \cdot 3}{1{,}5} = \underline{200\ \text{kg/cm}^2}\ .
$$

Nach Gl. (35) erhält man eine Zusatzspannung für die Wintertemperatur $t_w = -5^\circ\text{C}$ von:

$$
(\sigma_{e_z})_t = \frac{E_e(\alpha_e - \alpha_m)}{\left(1 + \dfrac{d_e\,E_e}{d_m\,E_m}\right)} \cdot (t_a - t_w) = \frac{21 \cdot 10^5 \cdot 0{,}6 \cdot 10^{-5}}{\left(1 + \dfrac{15 \cdot 21}{4 \cdot 2{,}1}\right)} \cdot 35 = \underline{93\ \text{kg/cm}^2}\ .
$$

Die Gesamtspannung im Eisen beträgt:

$$
\sigma_e = \sigma_{ev} + \sigma_{e_p} + (\sigma_{e_z})_t = 410 + 200 + 93 = \underline{703\ \text{kg/cm}^2}\ .
$$

68   Das außen isolierte, ausgemauerte Gefäß.

Die Spannungen im Mauerwerk errechnen sich aus Gl. (42) zu:

$$\sigma_{m_v} = \sigma_{e_v} \frac{d_e}{d_m} = 410 \cdot \frac{15}{40} = \underline{154 \text{ kg/cm}^2} \, ,$$

$$(\sigma_{m_z})_t = (\sigma_{e_z})_t \frac{d_e}{d_m} = 93 \cdot \frac{15}{40} = \underline{35 \text{ kg/cm}^2} \, .$$

Die Gesamtspannung im Mauerwerk beträgt somit:

$$\sigma_m = \sigma_{m_v} + (\sigma_{m_z})_t = 154 + 35 = \underline{189 \text{ kg/cm}^2} \, .$$

Diese Mauerwerksspannung muß als verhältnismäßig hoch bezeichnet werden und liegt schon an der Grenze des Zulässigen.

26. Aufgabe. Durch welche Maßnahme kann die zu hohe Mauerwerksspannung der vorigen Aufgabe herabgesetzt werden?

Lösung: Eine zu hohe Mauerwerksspannung kann durch Erhöhung der Mauerwandstärke d_m herabgesetzt werden. Führt man in voriger Aufgabe $d_m = 60$ mm statt 40 mm aus, so wird:

Nach Gl. (109):

$$\varphi = \frac{0,8 + 0,003}{1 + 20} = \frac{0,803}{21} = 0,038 \, .$$

Nach Gl. (108) wird:

$$t_e = \frac{140}{1,038} + \frac{0,038}{1,038} \cdot 30 = 135 + 1,1 = 136,1 \sim 136^\circ \text{ C} \, .$$

Nach Gl. (115) wird:

$$q = \left(1 + \frac{6 \cdot 2,1}{1,5 \cdot 21}\right) : \left[1,2 \cdot 10^{-5} \cdot 106 - 0,6 \cdot 10^{-5} \cdot 110 + \frac{100 \cdot 3}{1,5 \cdot 21 \cdot 10^5}\right] ,$$

$$q = 1,4 \cdot [127 - 66 + 9,55] \cdot 10^{-5} = 1,4 \cdot 70,55 \cdot 10^{-5} = 99 \cdot 10^{-5} \, ;$$

nach Gl. (32):

$$\sigma_{e_v} = \frac{q \cdot E_e}{\left(1 + \frac{d_e E_e}{d_m E_m}\right)} = \frac{99 \cdot 10^{-5} \cdot 21 \cdot 10^5}{\left(1 + \frac{15 \cdot 21}{60 \cdot 2,1}\right)} = \frac{99,21}{3,5} \, ,$$

$$\underline{\sigma_{e_v} = 595 \text{ kg/cm}^2} \, ;$$

nach Gl. (35):

$$(\sigma_{e_z})_t = \frac{21 \cdot 10^5 \cdot 0,6 \cdot 10^{-5}}{3,5} \cdot 35 = \underline{126 \text{ kg/cm}^2} \, .$$

Die Gesamtspannung im Eisen wird dadurch:

$$\sigma_e = \sigma_{ev} + \sigma_{ep} + (\sigma_{e_z})_t = 595 + 200 + 126 = \underline{921 \text{ kg/cm}^2} \, .$$

Die Spannung im Mauerwerk wird:

$$\sigma_{m_v} = \sigma_{e_v} \cdot \frac{d_e}{d_m} = 595 \cdot \frac{15}{60} = 149 \text{ kg/cm}^2$$

$$(\sigma_{m_z})_t = (\sigma_{e_z})_t \cdot \frac{d_e}{d_m} = 126 \cdot \frac{15}{60} = 31,5 \quad \text{,,}$$

$$\underline{\sigma_m = 180 \text{ kg/cm}^2} \, .$$

Die Mauerwerkspannung hat sich durch die Verstärkung des Mauerwerks von 40 mm auf 60 mm von 189 kg/cm² auf 180 kg/cm² erniedrigt.

27. Aufgabe. Welches ist der Grund dafür, daß in der Formel für die Quellung q beim außen isolierten Gefäß kein Temperaturglied mit $m/(m-1)$ auftritt wie in Gl. (26) beim außen nicht isolierten Gefäß?

Lösung: Wegen der guten Wärmeisolierung des ausgemauerten Gefäßes haben das Eisen und das Mauerwerk praktisch die gleiche Temperatur der inneren siedenden Flüssigkeit t_i. Wenn aber im Mauerwerk zwischen innerem und äußerem Mauerwerkszylinder kein Temperaturgefälle besteht, kann auch nach FÖPPL [3] gemäß Gl. (18)

$$\sigma_{m_1} = \frac{m}{m-1} \cdot E_m \, \alpha_m \, (t_m - t_e)$$

für $t_m = t_e$ keine Spannung σ_{m_1} zustande kommen.

V. Zusammenstellung der wichtigsten Gebrauchsformeln.

$$t_e = \frac{1}{\varphi+1} \cdot t_i + \frac{\varphi}{\varphi+1} \cdot t_0 . \tag{5}$$

$$\varphi = (Nu)_m + (Nu)_i + (Nu)_e = \alpha_l \, d_m/\lambda_m + \alpha_l \, \delta_i/\lambda_i + \alpha_l \, d_e/\lambda_e . \tag{6}$$

$$t_e = \frac{1}{\varphi_0+1} \cdot t_i + \frac{\varphi_0}{\varphi_0+1} \cdot t_a . \tag{15}$$

$$\varphi_0 = \frac{2(m-1)\,(\alpha_e - \alpha_m)}{(2\,m-1)\,\alpha_m} . \tag{16}$$

$$d_m = \frac{\lambda_m}{\alpha_l} \cdot \frac{2(m-1)\,(\alpha_e - \alpha_m)}{(2m-1)\,\alpha_m} - \lambda_m \left(\frac{\delta_i}{\lambda_i} + \frac{d_e}{\lambda_e} \right) . \tag{17}$$

$$\sigma_{e\,v} = \frac{q \cdot E_e}{\left(1 + \dfrac{d_e \, E_e}{d_m \, E_m} \right)} . \tag{32}$$

$$q \geqq \left(1 + \frac{d_m \, E_m}{d_e \, E_e} \right) \cdot \left[\frac{m \cdot \alpha_m}{2(m-1)} \cdot \frac{\varphi_0}{\varphi_0+1} \cdot (t_i - t_a) + \frac{r \, p}{d_e \, E_e} \right] . \tag{33}$$

$$\sigma_{e\,p} = r \, p/d_e . \tag{34}$$

$$(\sigma_{e_z})_t = \frac{E_e(\alpha_e - \alpha_m)}{1 + \dfrac{d_e \, E_e}{d_m \, E_m}} \, (t_a - t_w) . \tag{35}$$

$$(\sigma_{e_z})_\varphi = \frac{\left[\alpha_e + \dfrac{\alpha_m}{2(m-1)} \right] \cdot E_e}{\left(1 + \dfrac{d_e \, E_e}{d_m \, E_m} \right)} \cdot \frac{(\varphi - \varphi_0)}{(\varphi+1)\,(\varphi_0+1)} \cdot (t_i - t_a) . \tag{40}$$

$$\sigma_{m_v} = \frac{2\,m \, E_m \, \alpha_m (\alpha_e - \alpha_m)\,(t_i - t_a)}{2(m-1)\,\alpha_e + \alpha_m} . \tag{41}$$

$$(\sigma_{m_z})_t = \frac{d_e}{d_m} \, (\sigma_{e_z})_t . \tag{42}$$

$$(\sigma_{m_z})_\varphi = \frac{d_e}{d_m} \, (\sigma_{e_z})_\varphi . \tag{43}$$

$$b = \frac{m\,\alpha_m}{2(m-1)} \cdot \frac{\varphi_0}{\varphi_0 + 1} \cdot (t_i - t_a) ,$$

$$c = \frac{r\,p}{E_e}$$

$$n = \frac{E_m}{E_e}$$

$$y = d_e \qquad x = d_m . \tag{44}$$

$$y = \frac{(n\,b\,x + c) + \sqrt{(n\,b\,x - c)^2 + 4\,n\,c\,x\,q}}{2(q - b)} , \tag{46}$$

$$\frac{q_1}{t_i - t_a} = y ,$$

$$d_m = x ,$$

$$c_1 = \frac{(2\,m - 1)\,\alpha_m}{2(m-1)} ,$$

$$c_2 = \frac{\lambda_m}{\alpha}\left[\varphi_0 - \left(\frac{\alpha\,\delta_i}{\lambda_i} + \frac{\alpha\,d_e}{\lambda_e}\right)\right] ,$$

$$c_3 = \frac{\lambda_m}{\alpha}\left[1 + \left(\frac{\alpha\,\delta_i}{\lambda_i} + \frac{\alpha\,d_e}{\lambda_e}\right)\right] . \tag{65}$$

$$y = c_1 \cdot \frac{x - c_2}{x + c_3} . \tag{66}$$

$$y = \frac{(n\,b_0\,x + c_0) + \sqrt{(n\,b_0\,x - c_0)^2 + 4\,n\,c_0\,x\,q_0}}{2(q_0 - b_0)} ,$$

$$y = d_e$$

$$x = d_m$$

$$n = E_m/E_e$$

$$b_0 = \frac{m\,\alpha_m}{2(m-1)} \cdot \frac{\varphi}{\varphi + 1}\,(t_i - t_a) ,$$

$$c_0 = \frac{r\,p}{E_e} ,$$

$$q_0 = q + q_1 = q + \left(\alpha_e + \frac{\alpha_m}{2(m-1)}\right) \cdot \frac{(\varphi - \varphi_0)}{(\varphi_0 + 1)\,(\varphi + 1)} \cdot (t_i - t_a) . \tag{85}$$

$$\sigma_{e_v} = \frac{q_0 \cdot E_e}{\left(1 + \dfrac{d_e\,E_e}{d_m\,E_m}\right)} . \tag{86}$$

$$A\,x\,y^2 - B\,x^2\,y - C\,y^2 - D\,x^2 - E\,x\,y - F\,y - G\,x = 0 ,$$

$$y = d_e ; \qquad x = d_m ,$$

$$A = \frac{\alpha_l}{\lambda_m}\left(\frac{\alpha_m}{2} + \frac{q}{t_i - t_a}\right) ,$$

$$B = \frac{\alpha_l}{\lambda_m} \cdot \frac{m\,\alpha_m}{2(m-1)} \cdot \frac{E_m}{E_e} ,$$

$$C = (\alpha_e - \alpha_m) - \frac{q}{t_i - t_a} , \tag{87}$$

$$D = \frac{\alpha_l}{\lambda_m} \cdot \frac{E_m}{E_e} \cdot \frac{r\,p}{E_e(t_i - t_a)},$$

$$E = \frac{\alpha_l}{\lambda_m} \cdot \frac{r\,p}{E_e(t_i - t_a)},$$

$$F = \frac{r\,p}{E_e(t_i - t_a)},$$

$$G = \frac{r\,p}{E_e(t_i - t_a)} \cdot \frac{E_m}{E_e}.$$

$$\left.\begin{array}{c}\\\\\\\\\end{array}\right\} \quad (87)$$

$$t_{emax} - t_{emin} = \frac{\dfrac{\sigma_{emax} - \dfrac{r\,p}{d_e}}{E_e} \cdot \left(1 + \dfrac{d_e\,E_e}{d_m\,E_m}\right) - q}{\alpha_e + \dfrac{\alpha_m}{2(m-1)}}. \tag{95}$$

$$t_e = \frac{1}{\varphi + 1} \cdot t_i + \frac{\varphi}{\varphi + 1} \cdot t_0. \tag{108}$$

$$\varphi = \frac{\alpha_l \dfrac{d_m}{\lambda_m} + \alpha_l \dfrac{d_e}{\lambda_e}}{1 + \alpha_l \dfrac{d_i}{\lambda_i}}. \tag{109}$$

$$q \geq \left(1 + \frac{d_m\,E_m}{d_e\,E_e}\right) \cdot \left[\alpha_e(t_e - t_a) - \alpha_m(t_i - t_a) + \frac{r\,p}{d_e\,E_e}\right]. \tag{115}$$

VI. Zusammenstellung wichtiger Stoffwerte.

**(Werte stammen aus der Baustoff-Forschungsstelle der
Farbwerke Hoechst, Dr.-Ing. K. Dietz.)**

a) Elastizitätsmodule.

Eisen	$E = 2\,100\,000$	kg/cm²
Portlandzement	$E = 300\,000$	„
Säurekitt „Hoechst" SW 10/SW 20	$E = 100\,000$	„
Säurekitt „Hoechst" SWD/SWK/SWD (Z)	$E = 80\,000$	„
Asplitkitt	$E = 30\,000$	„
El-Asplit	$E = 10\,000$	„
keramische Steine	$E = 300\,000$	„
Kohlenstoffsteine	$E = 100\,000$	„
Mauerwerk-keramische Steine mit Säurekitten mit Asplitfugen	$E = 200\,000$	„
Mauerwerk mit Kohlestoffsteinen und Säurekitten bzw. Asplitkitten	$E = 100\,000$	„

b) Wärmeausdehnungszahlen.

Stahl, Eisen	$\alpha_e = 1{,}2 \cdot 10^{-5}$ grad^{-1}
Säurekitte „Hoechst"	$= 1{,}2 \cdot 10^{-5}$ „
Asplitkitte	$= 2{,}4 - 3{,}0 \cdot 10^{-5}$ grad^{-1}
keramische Steine	$= 0{,}5 - 0{,}6 \cdot 10^{-5}$ „
Kohlenstoffsteine	$= 0{,}3 - 0{,}4 \cdot 10^{-5}$ grad^{-1}
Die Wärmeausdehnungszahl von keramischem Mauerwerk mit Säurekitten „Hoechst" kann angenommen werden mit	$0{,}6 \cdot 10^{-5}$ grad^{-1}
Bei Kohlestoffsteinen mit Säurekitten „Hoechst"	$0{,}4 \cdot 10^{-5}$ grad^{-1}

c) Wärmeleitfähigkeiten.

keramische Steinplatten	0,8 — 1,0 kcal/m h °C
Säurekitte „Hoechst" (Wasserglaskitte)	0,8 — 0,1 kcal/m h °C
Asplitkitte	0,3 — 1,6 „

für die Berechnung von Ausmauerungen:

keramische Steinausmauerung mit Säurekitt „Hoechst"	1,4 — 1,6	„
Kohlestoffsteinausmauerung	etwa 2,0	„
keramische Steinausmauerung mit Asplitkitten	0,75	„

Zur Beachtung: Bei der Berechnung von Elastizitätsmoduln und Wärmeleitfähigkeiten aus verschiedenen Einzelkomponenten müssen die reziproken Werte addiert bzw. gleichgesetzt werden. Die Wärmeausdehnung errechnet sich rein additiv. Das Volumenverhältnis von Kitt zu Steinen ist bei der Mauerung normalerweise mit 1 : 4 anzunehmen.

d) Wärmeübergangszahlen α_l vom Eisen an die umgebende Luft.

Nach neueren Untersuchungen von Herrn Dipl.-Ing. FÜLLER, Frankfurt a. M.-Höchst, können für α_l eingesetzt werden:

$$
\begin{aligned}
w = \ & 2 \text{ m/sec} & \alpha_l = \ & 7,9 \text{ kcal/m}^2 \text{ h }°C \\
= \ & 4 \text{ „} & = \ & 12,8 \text{ „} \\
= \ & 6 \text{ „} & = \ & 17,0 \text{ „} \\
= \ & 8 \text{ „} & = \ & 21,0 \text{ „} \\
= \ & 10 \text{ „} & = \ & 24,5 \text{ „}
\end{aligned}
$$

ohne Strahlungsanteil und $\varnothing$ 650 mm

Für normale Verhältnisse kann allgemein gesetzt werden:

$$\alpha_l = 10 — 12 \text{ kcal/m}^2 \text{ h }°C.$$

Literatur.

1. HAAS, R.: Der Papier-Fabrikant, 1941, Nr. 10/11, S. 65/80.

2. SCHMIDT, E.: Einführung in die Technische Thermodynamik. 4. Aufl., S. 343. Berlin/Göttingen/Heidelberg: Springer 1950.

3. FÖPPL, A., u. L. FÖPPL: Drang und Zwang. Bd. II, S. 272. München: R. Oldenbourg 1928.

4. FÖPPL, A., u. L. FÖPPL: Drang und Zwang. Bd. II, S. 253. München: R. Oldenbourg 1928.

5. MATZ, W.: Schweiz. Bau-Z. 1951, Nr. 10, S. 3/8.

Namen- und Sachverzeichnis.